水利水电工程监理实施细则编制实例

徐猛勇 著

黄河水利出版社

·郑州·

内 容 提 要

　　本书依据国家及行业现行最新规范、标准和规程,采用科学的编排体系,结合水利水电工程施工特点、水利水电工程监理实践编写而成。主要内容包括建设工程监理实施细则基础知识和编制实例。

　　本书对水利水电工程施工监理人员有极大的实践指导作用,也可作为相关专业施工监理人员的参考用书,同时可供大专院校相关专业师生学习参考。

图书在版编目(CIP)数据

水利水电工程监理实施细则编制实例/徐猛勇著.
郑州:黄河水利出版社,2014.7
ISBN 978 - 7 - 5509 - 0838 - 3

Ⅰ.①水…　Ⅱ.①徐…　Ⅲ.①水利水电工程 – 施工监理　Ⅳ.①TV512

中国版本图书馆 CIP 数据核字(2014)第 165576 号

组稿编辑:王路平　电话:0371 – 66022212　E-mail:hhslwlp@ 163. com

出　版　社:黄河水利出版社
　　　　　　地址:河南省郑州市顺河路黄委会综合楼 14 层　　　邮政编码:450003
发行单位:黄河水利出版社
　　　　　　发行部电话:0371 – 66026940、66020550、66028024、66022620(传真)
　　　　　　E-mail:hhslcbs@ 126. com
承印单位:河南地质彩色印刷厂
开本:787 mm × 1 092 mm　1/16
印张:11
字数:250 千字　　　　　　　　　　　印数:1—2 000
版次:2014 年 7 月第 1 版　　　　　　印次:2014 年 7 月第 1 次印刷

定价:28.00 元

前　言

近年来,我国频繁发生的严重水旱灾害造成了重大生命财产损失,暴露出水利基础设施还十分薄弱。中央强调,水利是现代农业建设不可或缺的首要条件,是经济社会发展不可替代的基础支撑,是生态环境改善不可分割的保障系统,具有很强的公益性、基础性、战略性,必须大力加强水利建设。加快水利改革发展,不仅事关农业农村发展,而且事关经济社会发展全局;不仅关系到防洪安全、供水安全、粮食安全,而且关系到经济安全、生态安全、国家安全。要把水利工作摆上党和国家事业发展更加突出的位置,着力加快农田水利建设,推动水利实现跨越式发展。

为更好地加强水利工程项目管理,提升我国水利水电工程建设的质量,我国正严格执行建设监理制。建设监理制是用科学方法对建设项目进行监督和管理的一种管理体系。监督和管理的对象是建设者在工程项目实施过程中的技术经济活动;要求这些活动及其结果必须符合有关法律法规、技术标准、规程规范和工程建设合同的规定;目的在于确保工程项目在合理的期限内以合理的代价与合格的质量实现其预定的目标。加强水利水电工程监理工作,必须认真编制监理实施细则,体现监理的技术与监督作用,这对于水利水电项目监理目标的实现起着重要作用。

本书为水利水电工程监理实施细则的编制提供了有益的指导和参考。

作　者

2014 年 5 月

目　录

第一章　建设工程监理实施细则基础知识

第一节　监理实施细则概述

1　监理实施细则的概念

监理实施细则指根据监理规划,由专业监理工程师编写,并经总监理工程师批准,针对工程项目中某一专业或某一方面监理工作的操作性文件。

对中型及以上或专业性较强、技术复杂的工程项目,在相应工程施工、开展监理工作之前,应分专业编制监理实施细则。对规模较小、技术不复杂且管理有成熟经验和措施,并且监理规划可以起到监理实施细则作用的工程项目,监理实施细则可不必另行编写。

2　监理实施细则的编制目的与作用

工程监理实施细则是在监理规划指导下,在落实了各专业监理责任后,由专业监理工程师针对项目的具体情况制定的更具实施性和可操作性的业务文件。它起着具体指导监理实施工作的作用。

3　监理实施细则的编制原则要求

项目监理机构应编制监理实施细则。监理实施细则应符合监理规划的要求,并应结合工程项目的专业特点,做到详细、具体、具有可操作性。

监理实施细则应在相应工程施工开始前编制完成,应由专业监理工程师编制,并必须经总监理工程师批准。

4　监理实施细则的编制依据

监理实施细则的编制依据如下:

(1)已批准的监理规划;

(2)与专业工程相关的标准;

(3)设计文件和技术资料以及施工组织设计等。

5　监理实施细则主要内容与章节设置

5.1　监督实施细则主要内容

监理实施细则的编制内容应包括如下几个方面:专业工程特点,监理工作的流程,监理工作的控制要点和目标值,监理工作的方法和措施。

5.2　监理实施细则章节设置

在编写监理实施细则时,可按如下章节进行编制。

5.2.1　总则

(1)编制依据。包括合同文件、设计文件与图纸、监理规划,经监理机构批准的施工组织设计及技术措施(作业指导书),由生产厂家提供的有关材料、构配件和工程设备的技术说明,工程设备的安装、调试、检验等技术资料。

(2)适用范围。写明该监理实施细则适用的项目或专业。

(3)负责该项目或专业工程的监理人员及职责分工。

(4)适用工程范围内使用的全部技术标准、规程、规范的名称、文号。

(5)发包人为该项工程开工和正常进展应提供的必要条件。

5.2.2　开工审批内容和程序

(1)单位工程、分部工程开工审批程序和申请内容。

(2)混凝土浇筑开仓审批程序和申请内容。

5.2.3　质量控制的内容、措施和方法

(1)质量控制标准与方法。根据技术标准、设计要求、合同约定等,具体明确工程质量的质量标准、检验内容以及质量控制措施,明确质量控制点及旁站监理方案等。

(2)材料、构配件和工程设备质量控制。具体明确材料、构配件和工程设备的运输、储存管理要求,报验、签认程序,检验内容与标准。

(3)工程质量检测试验。根据工程施工实际需要,明确对承包人检测实验室配置与管理的要求,对检测试验的工作条件、技术条件、试验仪器设备、人员岗位资格与素质、工作程序与制度等方面的要求;明确监理机构检验的抽样方法或控制点的设置、试验方法、结果分析以及试验报告的管理。

(4)施工过程质量控制。明确施工过程质量控制要点、方法和程序。

(5)工程质量评定程序。根据规程、规范、标准、设计要求等,具体明确质量评定内容与标准,并写明引用文件的名称与章节。

(6)质量缺陷和质量事故处理程序。

5.2.4　进度控制的内容、措施和方法

(1)进度目标控制体系。该项工程的开工、完工时间,阶段目标或里程碑时间,关键节点时间。

(2)进度计划的表达方法。如横道图、网络图、S曲线、香蕉图等。

(3)施工进度计划的申报。明确进度计划(包括总进度计划、单位工程进度计划、分部工程进度计划、年度计划、月计划等)的申报时间、内容、形式、份数等。

(4)施工进度计划的审批。明确进度计划审批的职责分工、要点、时间等。

(5)施工进度的过程控制。明确施工进度监督与检查的职责分工;拟订检查内容;明确进度偏差分析与预测的方法和手段;制定进度报告、进度计划修正与赶工措施的审批程序。

(6)停工与复工。明确停工与复工的程序。

(7)工期索赔。明确控制工期索赔的措施和方法。

5.2.5　投资控制的内容、措施和方法

(1)投资目标控制体系。投资控制的措施和方法,各年的投资使用计划。

(2)计量与支付。计量与支付的依据、范围和方法,计量申请与付款申请的内容及应提供的资料,计量与支付的申报、审批程序。

5.2.6　施工安全与环境保护控制的内容、措施和方法

(1)监理机构内部的施工安全控制体系。

(2)承包人应建立的施工安全保证体系。

(3)工程不安全因素分析与预控措施。

(4)环境保护的内容与措施。

5.2.7　合同管理的主要内容

(1)信息管理体系。包括设置管理人员及职责,制定文档资料管理制度。

(2)索赔管理。明确索赔处理的监理工作内容与程序。

(3)违约管理。明确合同违约管理的监理工作内容与程序。

(4)工程担保。明确工程担保管理的监理工作内容。

(5)工程保险。明确工程保险管理的监理工作内容。

(6)工程分包。明确工程分包管理的监理工作内容与程序。

(7)争议的解决。明确合同双方争议的调解原则、方法与程序。

(8)清场与撤离。明确承包人清场与撤离的监理工作内容。

5.2.8　信息管理

(1)信息管理体系。包括设置管理人员及职责,制定文档资料管理制度。

(2)编制监理文件格式、目录。制定监理文件分类方法与文件传递程序。

(3)通知和联络。明确监理机构与发包人、承包人之间通知和联络的方式及程序。

(4)监理日志。制定监理人员填写监理日志制度,拟定监理日志的格式和内容,以及管理办法。

(5)监理报告。明确监理月报、监理工作报告和监理专题报告的内容与提交时间、程序。

(6)会议纪要。明确会议纪要记录要点和发放程序。

5.2.9　工程验收与移交程序和内容

(1)明确分部工程验收程序与监理工作内容。

(2)明确阶段验收程序与监理工作内容。

(3)明确单位工程验收程序与监理工作内容。

(4)明确合同项目完工验收程序与监理工作内容。

(5)明确工程移交程序与监理工作内容。

5.2.10　其他。

根据项目或专业需要应包括的其他内容。

第二节　监理实施细则的编写

1　专业工程特点的编写

监理实施细则中的专业工程特点,是指本分部或分项工程的"专业性较强、技术复杂"的特点和内容。这些专业工程特点,是编制监理实施细则的根据,决定监理实施细则的内容。

专业工程特点来自设计文件;各专业性较强的、技术复杂的施工工艺,是由施工单位编制的施工方案确定的。

需要注意的是,监理实施细则中的专业工程特点与监理规划中的工程概况不同,不可照搬。

2　监理工作流程的编写

监理实施细则中的监理检查检验工作流程,是指分项工程中检验批质量检查验收流程,其中包括原材料、半成品、设备进场质量检验和分项工程预检、分项工程隐蔽前的质量验收程序。

下面列出基本流程图的示例:

(1)工程原材料、构配件和设备检验批监理质量检验基本流程图见图1-1。

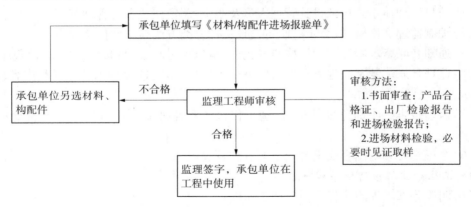

图1-1　工程原材料、构配件和设备检验批监理质量检验基本流程图

(2)单元工程监理检验基本流程图见图1-2。

3　监理工作的控制要点和目标值

3.1　质量控制要点的内容

(1)原材料质量控制,质量检查、检验的要点。

(2)施工工艺方法和施工流程的监理要点。

(3)质量控制方法:执行监理规划中制定的基本方法并具体化。

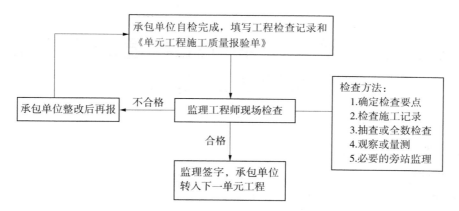

图 1-2　单元工程监理检验基本流程图

3.2　质量控制的目标值

（1）符合验收规范、规程规定的合格标准。

（2）主控项目尤其是其中强制性条文规定的质量合格指标,必须完全保证;一般项目的质量指标的偏差值,应控制在规范、规程规定的允许偏差值范围内。

4　监理工作方法和措施

（1）监理实施细则中监理工作的方法和措施,是指检验批检查验收的方法和措施,不可照搬监理规划中的有关条文。

（2）监理实施细则中监理工作的方法和措施,主要是规范、规程中规定的检验批的检查数量、检查检验方法,在监理实施细则中,应具体列入。

第二章　某大堤加固工程混凝土施工
监理实施细则

1　总　　则

1.1　本细则依据以下文件及规程规范编制：

　　（1）发包人与承包人签订的工程承建合同。

　　（2）《水工混凝土施工规范》（SKJ 207—82）。

　　（3）《水闸施工规范》（SL 27—91）。

　　（4）《水利水电工程施工质量检验与评定规程》（SL 176—2007）。

　　（5）《水利水电建设工程验收规程》（SL 223—2008）。

1.2　本细则适用于闸室段改造工程（不包括灌注桩及桥面板预应力混凝土）等所有常态（常规）混凝土工程项目。

2　开工许可证的申请程序

2.1　工程承建单位应在现场施工放样施测前21 d完成放样施测报告编制并报送监理批准。内容应包括：

　　（1）工程简况及施测范围。

　　（2）施工放样技术说明书（应包括施测方案、施测要求、计算方法和操作规程）。

　　（3）观测仪器、设备的配置。

　　（4）测量专业人员的配置。

2.2　在每分部、分项混凝土工程开工28 d以前，承建单位应按设计要求，完成拟使用的各种标号混凝土配合比试验，并向监理部提供一式三份至少包括7 d、14 d、28 d或可能更长龄期的试验成果或试验推算资料，报监理部审核。试验中所用的所有材料来源应符合合同要求且应与实际施工中使用的材料一致，并事先得到监理部批准。

2.3　在进行混凝土配合比试验的3 d前，承建单位（或其实验室）应书面通知监理部，以使得必要时监理工程师能从材料取样开始对试验全过程进行检查、监督和认证。

2.4　混凝土工程开工28 d前，承建单位必须根据合同技术规范、设计文件（包括施工图纸、设计通知、技术要求）以及施工规程规范和单元工程质量评定标准，结合施工水平向监理部报送混凝土工程施工措施计划。

　　主要内容应包括：

　　（1）工程概况（包括申报开工部位，设计工程量，浇筑平、剖面图，以及必要的混凝土浇筑布置与工序流程图）。

　　（2）浇筑程序（包括浇筑作业工序，分缝、分段、分层、分块和止水安装详图，有观测仪器埋设要求的还应包括观测仪器埋设详图）。

（3）浇筑进度（包括浇筑工程量、进度安排、循环作业时间）。

（4）原材料品质（包括砂石骨料、水、水泥、止水材料、钢材、外加剂）。

（5）混凝土生产（包括级配、配合比、坍落度、浇筑中的允许间歇时间、拌和时间及外加剂品种与掺量）。

（6）施工作业方法（包括设缝、缝面处理，模板、钢筋、预埋件、止水设施安装，混凝土运输，入仓、平仓、振捣手段，拆模、构件保护与混凝土养护。有观测仪器埋设要求的还应包括该仪器埋设作业内容）。

（7）施工设备配置与技术工种组织。

（8）质量控制和安全措施。

（9）合同支付和安全措施。

对于有抗冲、抗冻、耐磨等特殊要求的混凝土浇筑，承建单位还应根据设计文件和合同技术规范有关规定进行专门设计、试验和研究，并将这部分内容作为专项列入施工措施计划。

2.5　特殊部位（如闸墩、底板等）的混凝土施工及温控措施，承建单位均应在该项混凝土施工作业的21 d前，制订专项施工措施计划报送监理部批准。

2.6　当承建单位采用特种模板（如竹片模板等）或特别的浇筑工序或监理部认为必要时，可要求承建单位进一步递交模板（模具）及其安装、支撑详图或进一步的详细设计和说明资料。

2.7　混凝土工程浇筑使用的原材料（包括钢筋、水泥、砂石骨料、止水材料、外加剂及掺合料）均应有产品合格证、试验报告或使用说明，并按工程承建合同文件或施工规范技术规定进行抽样检验。止水材料还应提供样品。所有这些资料和样品必须于施工作业开始14 d前报送监理部检查认可。

2.8　上述报送文件连同审签意见单一式四份，经承建单位项目经理（或其授权代表）签署后递交，监理部审阅后限时返回审签意见单一份，原文件不退回。审签意见包括"照此执行"、"按意见修改后执行"、"已审阅"及"修改后重新报送"四种。

2.9　除非承建单位接到的批复意见为"修改后重新报送"，否则承建单位可即时向监理部申请开工许可证，监理部将于接受承建单位申请后的24 h内开出相应工程项目的开工许可证或开工批复文件。

2.10　监理工程师对施工所进行的任何对照、检查、检验和批准，并不意味着可以减轻承建单位所应负的合同责任。

2.11　如果承建单位未能按期向监理部报送开工申请所必需的材料样品、文件和资料，因而造成施工工期延误和其他损失，均由承建单位承担全部合同责任。若承建单位在限期内未收到监理部（处）应退回的审签意见单或批复文件，可视为已报经审阅。

3　施工过程监理

3.1　承建单位应按照报经批准的施工措施计划按章作业、文明施工。同时，加强质量和技术管理，做好作业过程中资料的记录、收集与整理，并定期向监理部报送。

需根据试验或试验性作业成果决定施工实施，或必须调整、修订施工作业程序、方法及进度计划,或必须调整混凝土原材料与配合比等,属于对施工措施计划的实质性变更,均应事先报经监理部书面同意后方可实施。

3.2 在混凝土拆除施工前 21 d,施工单位应将拆除作业的施工组织设计和现场试验确定的爆破参数报监理部审批。

3.3 混凝土拆除体轮廓线处的钢筋须逐根凿出并切断,待监理人员检查合格后,方可进行下道工序的施工。

3.4 混凝土施工过程中,承建单位应随施工作业进展做好施工测量工作,施工测量工作应包括下述内容:

（1）根据设计图纸和施工控制网点进行测量放线,在施工中,及时测放、检查拆除断面及控制拆除断面高程。

（2）测绘或搜集拆除前后的地形、断面资料。

（3）月报量收方测量。

（4）提供工程各阶段和完工后的拆除方量资料。

（5）按合同文件规定或监理工程师要求进行的其他测量工作。

3.5 为确保放样质量,避免造成重大失误和不应有的损失,必要时,监理部可要求承建单位在测量监理工程师直接监督下进行对照检查和校测。但监理工程师所进行的对照检查和校测,并不意味着可以减轻承建单位对保证放样质量所应负的合同责任。

3.6 承建单位应坚持安全生产、质量第一的方针,健全质量控制体系,加强质量管理。施工过程中,坚持“三员”(施工员、调度员、质检员)到位和三级自检制度,确保工程质量。对出现的质量或安全事故,本着“三不放过”的原则认真处理。

3.7 混凝土拆除应自上而下进行,某些部位如必须采用上、下部位同时拆除,应采取有效的安全和技术措施,并事先报经监理部批准。

3.8 在混凝土拆(凿)除施工过程中发现实际情况与设计不符时,应及时将有关资料报送监理部,由监理部转设计单位,供变更或修改设计参考。

3.9 各分项混凝土工程首仓开仓 5 d 以前,承建单位应对浇筑仓面边线及模板安装实地放样成果进行复核,并将放样成果报监理部审核。为了确保放样质量,避免造成重大失误和不应有的损失,必要时,监理部可要求承建单位在监理工程师直接监督下进行对照检查。

3.10 混凝土开仓浇筑前,承建单位应对各工序质量进行自检,并在“三检”合格基础上填报《水利水电工程施工质量终检合格(开工、仓)证》。

检查内容包括:

（1）基础层面或缝面处理。

（2）钢筋布设。

（3）模板安装。

（4）止水安装及伸缩缝处理。

（5）设备及预埋件安装。

（6）混凝土生产与浇筑准备。

（7）其他必须检查检测的项目。

承建单位自检合格后,在开仓前 3～12 h 通知监理工程师对上述内容进行检查确认,并在认证合格后办理开仓手续。

检查标准参照《水利水电基本建设工程单元工程质量等级评定标准》(SL 38—92)、工程承建合同技术规范和设计技术要求执行。

3.11　承建单位应按合同、施工技术规程规范和质量等级评定标准规定的数量和方法对拌和混凝土及各种原材料进行取样检测。每一规定时段(通常为每月),承建单位或其实验室应一式两份向监理部检测监测处提交书面试验报告。

3.12　如果因施工方面的原因要求增加或改变施工缝时,必须在浇筑程序详图中表明,并报监理部批准。

3.13　重要部位混凝土浇筑过程中,承建单位应有技术人员、质检人员以及调度人员在施工现场进行技术指导、质量检查和作业调度。

3.14　承建单位应严格按批准的混凝土配合比拌制混凝土,对于运送或浇筑不合格混凝土入仓的,监理工程师有权按承建合同文件规定拒绝入仓或指令返工处理。

3.15　预制构件应具备所有必需的标志及证明书,构件安装校正、完成焊接作业后,必须在报经监理工程师检查认可,开出开仓签证后,方可浇灌接头混凝土。

3.16　预应力筋应妥善包装,放置于干燥处,避免风吹雨淋。

3.17　混凝土的强度达到设计规定的强度时,才可施加预应力。

3.18　张拉前,施加预应力的机具设备及仪表,应进行率定和校验,其校验期一般不超过半年。

3.19　在张拉过程中,严格控制张拉应力和张拉变形,二者缺一不可。预应力筋锚固的实际预应力与设计预应力相差不得超过 5% ;预应力筋的实际伸长值比设计伸长值大 10% 或小 5% 时,应停止张拉,采取措施后,方可继续张拉。

3.20　施工期间,承建单位必须按月向监理部报送详细的施工记录或原始施工记录复制件。内容包括:

(1)每一构件混凝土数量,所用原材料的品种、质量、混凝土标号及配合比。

(2)各构件实际浇筑顺序、起讫时间、养护及表面保护时间、方式,模板、钢筋及止水设施、预埋件等的情况。

(3)浇筑地点的气温,各种原材料的温度,混凝土的出机口与入仓温度,各部位模板拆除的日期和时间。

(4)混凝土试件的试验结果及其分析。

(5)混凝土裂缝的部位、长度、宽度、深度,裂缝条数,发现的日期及发展情况。

(6)施工中发生的质量、安全事故及其处理措施。

(7)按合同文件或监理部规定必须报告的其他事项。

3.21　对于施工中发生的质量事故,承建单位应立即查明其范围、数量,填报质量报告单,分析产生质量事故的原因,提出处理措施,及时向监理部报告,经监理部批准后,方可进行处理。

对于一般的混凝土缺陷,应在拆模后 24 h 内修复、修补完毕。修复、修补措施应报经监理工程师同意后进行,修复、修补过程中,均须有详细的记录。

3.22　为了确保施工质量,承建单位必须按照有关施工规范和设计文件进行施工。对发生的违规作业行为,监理工程师可发出违规警告、返工指令,直至指令停工整顿。

4　施工质量控制

4.1　原材料。

4.1.1　混凝土所用水泥品质应符合国家标准,并应按设计要求和使用条件选用适宜的品种。其原则如下:

(1)水位变化区或有抗冻、抗冲刷、抗磨损等要求的混凝土,应优先选用硅酸盐水泥、普通硅酸盐水泥。

(2)水下不受冲刷部位或厚大构件内部混凝土,宜选用矿渣硅酸盐水泥、粉煤灰硅酸盐水泥或火山灰硅酸盐水泥。

(3)水上部位的混凝土,宜选用普通硅酸盐水泥。

(4)受其他侵蚀性介质影响或有特殊要求的混凝土,应按有关规定或通过试验选用。

4.1.2　水泥标号与混凝土设计强度相适应,且不低于32.5号;水位变化区的混凝土和有抗冻、抗渗、抗冲刷、抗磨损等要求的混凝土,标号不宜低于42.5号。

4.1.3　粗骨料宜选用质地坚硬、粒形及级配良好的碎石、卵石。不得使用未经分级的混合石子。其质量标准除应符合表2-1的规定外,还应按《普通混凝土用碎石或卵石质量标准检验方法》(JGJ 53)的规定执行。

表2-1　粗骨料(碎石或卵石)的质量技术要求

项次	项目	指标	备注
1	含泥量(%)	≤1	不应含有黏土团块
2	硫化物及硫酸盐含量(折算成 SO_3)(%)	≤0.5	
3	有机质含量(%)	浅于标准色	如深于标准色,应进行混凝土对比试验,其强度降低不应大于15%
4	针片状颗粒含量(%)	≤15	
5	坚固性(按硫酸钠溶液法5次循环后损失,%)	<3 <5	无抗冻要求的混凝土 有抗冻要求的混凝土
6	颗粒密度(t/m³)	>2.55	
7	吸水率(%)	<2.5	
8	超径(cm)	<5%	以原孔筛检验
9	逊径(cm)	<10%	

4.1.4　粗骨料最大粒径的选定,应符合下列规定:

(1)不应大于结构截面最小尺寸的1/4;

(2)不应大于钢筋最小净距的3/4,对双层或多层钢筋结构不应大于钢筋最小净距的1/2;

(3)不宜大于80 mm。

4.1.5　细骨料宜采用质地坚硬、颗粒洁净、级配良好的天然砂。其质量标准除应符合表2-2的规定外,还应按《普通混凝土用砂质量标准及检验方法》(JGJ 52)的规定执行。

表2-2　细骨料(天然砂)的质量技术要求

项次	项目	指标	备注
1	含泥量(%)	≤3	不应含有黏土团粒
2	云母含量(%)	≤2	对有抗冻、抗渗要求的混凝土,云母含量不应大于1%
3	轻物质含量(%)	≤1	视比重小于2.0
4	硫化物及硫酸盐含量(折算成 SO_3)(%)	≤1	
5	有机质含量	浅于标准色	如深于标准色,应做砂浆强度对比试验,其强度降低不应大于15%
6	坚固性(按硫酸钠溶液法5次循环后损失,%)	<10	

4.1.6　砂的细度模数宜在2.3～3.0范围内。为改善砂级配,可将粗、细不同的砂料分别堆放,配合使用。

4.1.7　拌制和养护混凝土用水应符合下列规定:

(1)凡适宜饮用的水均可使用,未经处理的工业废水不得使用。

(2)水中不得含有影响水泥正常凝结与硬化的有害杂质,氯离子含量不超过200 ml/L,pH值不小于4。

4.2　运至工地用于主体工程的水泥,应有产品出厂日期、厂家的品质试验报告,承建单位实验室必须按规定进行复检,必要时还应进行化学分析。

试验检查项目包括水泥标号、凝结时间、体积稳定性。必要时还应增加稠度、细度、比重、水化热等项目。

袋装水泥储运时间超过7个月、散装水泥超过6个月,使用前应重新检验。

4.3　外加剂应有产品出厂日期、厂家出厂合格证、产品质量检验结果及使用说明,否则应按《水工混凝土外加剂技术标准》进行质量检验。当储存时间超过产品有效存放期,或对其质量有怀疑时,承建单位必须进行质量检验鉴定。

4.4　混凝土的坍落度应符合合同技术规范和设计文件的规定,若技术规范和设计文件未明确,则应当根据结构部位的性质、含筋率、混凝土运输、浇筑方法和气候条件等决定,并尽可能采用小的坍落度。

4.5　因设计或施工要求,必须在混凝土中掺用减水、缓凝、引气、调稠等外加剂及其他胶凝材料和掺合料时,其掺量及材料必须符合设计文件和技术规范的规定,并经过试验确定后报监理部批准。

4.6　模板安装前应检查模板质量(平面尺寸、清洁、破损等),安装时必须按混凝土结构物的施工详图测量放样,确保模板的刚度和支撑牢固,重要结构部位应多设控制点,以利检查校正。浇筑过程中,如发现模板变形走样,应立即采取纠正措施,直至停止混凝土浇筑。

4.7　模板及支架安装,应与钢筋架设、预埋件安装、混凝土浇筑等工序密切配合,做到互不干扰。

4.8　支架或支撑宜支承在基础面或坚实的地基上,并有足够的防滑措施。支架、脚手架的各立柱之间,应有足够数量的杆件牢固连接。

4.9　制作和安装模板的允许偏差,应符合《水闸施工规范》(SL 27—91)的规定。

4.10　用于主体工程的钢筋(预应力钢筋)应有出厂证明书或试验报告单。使用前应作拉力、冷弯试验,预应力钢筋还应作外观检查和直径检查,需要焊接的钢筋应作焊接工艺试验。钢号不明的钢筋,经试验合格后方可使用,并不得用于承重结构的重要部位。

4.11　预应力钢筋宜采用砂轮锯或切断机切断,不得采用电弧切断。

4.12　预应力钢筋在储存、运输和安装过程中,应采取措施防止锈蚀及损坏。

4.13　预应力钢筋锚具、夹具和连接器应有出厂合格证,并在进场时进行外观检查、硬度检查和静力锚固性试验。

4.14　张拉过程中预应力钢筋断裂或滑脱的数量,对后张法,严禁超过结构同一截面预应力钢筋总根数的3%,且同一束钢丝只允许一根;对先张法,严禁超过结构同一截面预应力钢筋总根数的5%,且严禁相邻两根断裂或滑脱。

4.15　钢筋的调直和清除污锈应符合下列要求:

（1）钢筋的表面应洁净,使用前应将表面的油渍、漆污、锈皮、鳞锈等清除干净。

（2）钢筋应平直、无局部弯折和表面裂纹,钢筋中心线的偏差不应超过其长度的1%,成盘的钢筋或弯曲的钢筋均应矫正调直后才允许使用。

（3）钢筋在调直机上调直后,其表面伤痕使钢筋截面积减少不得大于5%。

（4）如用冷拉法调直钢筋,则其矫直冷拉率不得大于1%（Ⅰ级钢筋不得大于2%）。

4.16　以另一种钢号或直径的钢筋代替设计文件规定的钢筋时,必须征得设计单位和监理工程师的书面同意,并应遵守以下规定:

（1）以另一种钢号或种类的钢筋代替设计文件规定的钢号或种类的钢筋时,应将两者的计算强度进行换算,并对钢筋截面积作相应的改变。

（2）以同种钢号钢筋代换时,直径变动范围不宜超过4 mm,变更后的钢筋总截面积不得小于设计截面积的98%或超过其103%。

（3）钢筋等级的变换不能超过一级,也不宜采用改变钢筋根数的方法来减少钢筋截面积,必要时应校核构件的裂缝和变形。

（4）以较粗的钢筋代替较细的钢筋,必要时应校核代替后构件的握裹力。

4.17　在加工厂中,钢筋的接头应尽量采用闪光对头焊接。现场作业或不能进行闪光对头焊接时,宜采用电弧焊(搭接焊、帮条焊、熔槽焊等)。焊接前,应将施焊范围内的浮锈、漆污、油渍等清除干净。直径小于25 mm的钢筋可采用绑扎接头,但轴心受拉、小偏心受拉构件和承受振动荷载构件,均应采用焊接接头。钢筋接头的布置应符合设计要求和技术规范有关规定。

4.18　为保证电弧焊焊接质量,在开始焊接前,或每次改变钢筋的类别、焊条牌号以及调换焊工之前,特别是在可能干扰焊接操作的不利环境下现场施焊时,应预先用相同的材料、相同的焊接操作条件、参数,制作两个抗拉试件并经抗拉试验合格后,才允许正式施焊。

4.19　钢筋的根数和间距应符合设计规定,并绑扎牢固,其位置偏差应符合表 2-3 的
规定。

表 2-3　钢筋安装位置允许偏差

项次	项目	允许偏差(mm)
1	受力钢筋间距	±10
2	分布钢筋间距	±20
3	箍筋间距	±20
4	钢筋排间距的偏差(顺高度方向)	±5
5	钢筋保护层厚度 (1)基础、墩、厚墙 (2)薄墙、梁 (3)桥面板	±10 −5,+10 −3,+5

4.20　为了保证混凝土保护层的必要厚度,应在钢筋与模板之间设置强度不低于构件设
计强度的埋设有钢丝的混凝土垫块,并与钢筋扎紧。垫块应互相错开,分散设置。各排钢
筋之间,应用短钢筋支撑,以保证钢筋布设位置准确。

4.21　在混凝土浇筑施工中,应安排值班人员经常检查钢筋架立位置,如发现变动应及时
矫正,严禁为方便浇筑擅自移动或割除钢筋。

4.22　伸缩缝止水材料的型式、结构尺寸、材料的品种规格和物理性质均应记录备查。采
用供销用品时,须经过试验论证并征得设计单位同意后方可使用。

4.23　成品嵌缝填料应抽样检验其主要技术指标。同嵌缝材料接触的混凝土表面必须平
整、密实、洁净、干燥,嵌缝填料施工完毕后应及时保护。

4.24　混凝土的运输应遵照以下原则:

(1)混凝土的运输设备应根据施工条件选用。运输过程中应避免发生分离、漏浆、严
重泌水或过多降低坍落度。

(2)运输不同标号的混凝土时,应在运输设备上设置明显的标志,以免混仓。

(3)运输过程中,应尽量缩短运输时间或减少转运次数。因故停歇过久,混凝土产生
初凝时,应按作废处理。在任何情况下,严禁中途加水后运入仓内。

(4)不论采用何种运输设备,当混凝土入仓自由下落高度大于 2 m 时应采取缓降
措施。

4.25　在混凝土浇筑前,应详细检查仓内清理、模板、钢筋、预埋件、永久缝及浇筑准备工
作等,并做好记录,经验收方可浇筑。

4.26　混凝土应按一定厚度、顺序和方向,分层浇筑,浇筑面应大致水平。上下相邻两层
同时浇筑时,前后距离不宜小于 1.5 m。

在倾斜面浇筑混凝土时,应从低处开始浇筑,并使浇筑面保持水平。仓内的泌水应及
时排除,严禁在模板上开孔赶水,以免带走灰浆。严禁在流水中浇筑混凝土,已浇筑的混

凝土在硬化之前不得受水流冲刷。

4.27　混凝土浇筑应保证连续性。如因故中止且超过允许间歇时间,则应按施工缝处理。若能重塑者且经监理工程师认定,仍可继续浇筑混凝土。

4.28　浇入仓内的混凝土应随浇随平仓,不得堆积。仓内若有粗骨料堆积时,应均匀地散铺于砂浆较多处或未经振捣的混凝土上,但不得用水泥砂浆覆盖,以免造成内部蜂窝。

4.29　混凝土施工缝的处理,应遵守下列规定:

　　(1)按混凝土硬化程度,采用凿毛、冲毛或刷毛等方法,清除老混凝土表层的水泥浆薄膜和松弱层,并冲洗干净,排除积水。

　　(2)已浇好的混凝土,在强度未达到2.5 MPa前,不得进行上一层混凝土浇筑的准备工作;临浇筑前,水平缝应铺一层1~2 cm的水泥砂浆,垂直缝应刷一层净水泥浆,其水灰比应较混凝土减少0.03~0.05。

　　(3)新老结合面层的混凝土应细致振捣。

4.30　在混凝土浇筑过程中,应随时检查模板、支架等稳固情况,如有漏浆、变形或沉陷,应及时处理。相应检查钢筋、预埋件位置,如发现移动,应及时校正。

4.31　在混凝土浇筑过程中,应及时清除粘附在模板、钢筋和预埋件表面的灰浆。浇筑到顶时,应即抹平,排除泌水。待定浆后再抹一遍,防止产生松顶和表面干缩。

4.32　混凝土浇筑时和固化后混凝土的质量检验应符合《水闸施工规范》(SL 27—91)的规定。

4.33　混凝土模板拆除的期限,应得到监理部的同意。除非另有规定,否则应遵守下列规定:

　　(1)不承重的侧面模板,应在混凝土强度达到2.5 MPa以上,并能保证其表面及棱角不因拆模而损坏时才能拆除。

　　(2)钢筋混凝土结构的承重模板,至少应在混凝土强度达到设计强度的70%以上,对于跨度较大的构件必须达到设计强度的100%,才能拆除。

4.34　混凝土浇筑完毕后,当硬化到不因洒水而损坏时,就应采取洒水等养护措施。混凝土表面应经常保持湿润状态直到养护期满。在炎热或干燥气候条件下,早期混凝土表面应经常保持水饱和或用覆盖物进行遮盖,避免太阳暴晒。

5　其　他

5.1　每单元混凝土工程施工结束后,承建单位应及时进行混凝土单元工程质量检查评定,并报监理工程师确认,作为评定相应分部工程质量等级的基础。

5.2　本细则未列的其他施工技术要求、原材料品质和质量检验标准,按合同技术规范、有关施工技术规程规范和质量评定标准执行。

5.3　已按设计要求完成,报经监理工程师质量检验合格,按合同规定应予以支付的工程量才予以计量支付。合同支付计量与量测按合同文件规定及有关要求执行。

第三章　某水电站施工监理实施细则

第一节　施工监理进度控制监理细则

1　总　则

1.1　对××水电站工程施工进度控制实施全面管理,确保××水电站工程总工期目标的实现。

1.2　在监理部编制的《施工进度计划报审程序》、《施工进度计划控制程序》和相应的实施细则中,均对施工进度的控制作了规定,各单位、各部门在施工进度控制中,必须严格执行上述两种程序和细则的有关规定。

1.3　施工过程中的进度控制管理,实行监理部负责制。监理部由工程技术部主管,负责进度控制管理的检查、督促;监理部负责施工进度控制管理日常工作。

1.4　施工全过程进度控制管理:总体上由进度控制的“事前管理”、“事中管理”、“事后管理”三个部分组成,本细则亦对三个部分作出详细规定。

2　进度控制的事前管理

2.1　施工监理进度控制的事前管理,就是抓好预控工作,把影响施工进度的因素在施工开始之前就加以控制,避免造成工程不能按期开工而产生工期的延误。

2.2　参加评标的监理部成员,评标时要认真审查承包人的施工组织设计,要认真分析其合理性和可行性,提出评标的意见。

2.3　监理部应对中标承包人报审的实施性施工组织设计或技术方案进行详细的审定,认真分析施工组织设计中工期目标的安排、网络计划编制以及资源投入安排的合理性和可行性,如发现问题应指示承包人进行修改甚至重新编制。对施工组织设计的审定及批复程序具体执行《施工组织设计编审程序》。

2.4　驻地监理工程师进驻现场后,应抓紧对承包人的现场平面布置图进行审核,根据设计文件、现场条件和项目施工的具体安排,对现场布置图作出批复。做到现场布置合理,满足施工要求,又最大限度地减少承包人的投入和施工中产生的相互干扰。

2.5　监理部监理工程师应对承包人报审施工进度计划进行严格细致的审查。施工进度应满足下列要求:

　　(1)与工期总目标相协调。

　　(2)保证关键线路的实现。

　　(3)与相关的工序或专业时标安排上相一致。

　　(4)设备、劳动和材料的投入安排能满足施工进度要求,并有相应的应急措施。

（5）考虑可能发生的困难及解决办法。

（6）计划安排上要留有余地。

监理对计划的审定要形成书面资料，交承包人作为计划修改及执行的依据，具体程序执行《施工进度计划报审程序》。

2.6　项目正式开工前，监理部对业主组织供应的设备计划清单应组织审定，审定的内容是：

（1）计划采购、供应的日期及数量应满足施工进度安排的要求。

（2）供货商供货能力和供货质量能否保证。

（3）供货的运输方式是否合理可行，并有利于施工的进度。

审定结果应形成文字记录，如有疑虑应及时报业主并抄报监理部备案。

2.7　监理部进度控制监理工程师应对施工现场条件进行充分的了解，协助业主按期完成施工现场拆迁及"三通一平"的工作，加快现场拆迁及"三通一平"的到位，使承包人能按期使用施工现场。

2.8　驻地监理进驻现场后，要积极主动地协调好承包人与业主、地方政府部门和施工单位之间的关系，尽快解决好临时道路、临时用地、临时工程、开工审批等问题，督促承包人按开工报告发布程序要求进行正式开工前的各项准备工作。

2.9　监理部应协调好与设计单位的关系，努力做到使设计单位按施工承包合同要求交付设计图纸并及时联系设计单位进行设计技术交底，测量人员及时进行交接桩，为工程按期开工创造条件。

2.10　监理部工程技术部在施工承包合同签订后，应抓紧督促承包人完备拨款渠道及手续，联系及促请业主及时向承包人拨付工程动员预付款，为工程按期开工打下重要的基础。

3　进度控制的事中管理

3.1　在施工实施过程中进行施工进度的事中控制管理，一方面进行施工进度检查，实施动态控制和协调，使施工进度与计划从不平衡达到平衡；另一方面及时进行工程计量，为业主掌握工程进度以及承包人获取工程计价提供依据，以保证工程施工持续进行。

3.2　驻地监理工程师应记录监理日志，作为对施工进度监控的基础资料。日志应包括以下内容：

（1）完成的实物工程量和达到的形象进度，特别应记录关键线路上项目的完成情况。

（2）施工投入劳力、设备和材料情况。

（3）施工中发生的问题，特别是工程进度的问题，阐明影响的时段及程度。

（4）暴雨、飓风和现场停水、停电及断路造成的停工情况，要记录其起止时间、影响范围及时间。

驻地监理工程师应特别注意承包人在施工中的机械设备投入与配套，发现与施工组织设计要求不吻合时，要及时指令承包人进行纠正，确保施工机械的投入及效率，保证工程进度。

3.3　监理工程师要督促承包人严格执行《施工进度计划控制程序》，及时呈报各种进度报表。对呈报的进度报表要认真审核,核查其是否符合规定格式的要求,内容是否齐全,数据是否真实可靠,发现问题应退回承包人重报。要对各时段的进度报表及时进行分析,将进度与计划进行对比,发现实际进度与计划发生的偏移,要分析检查产生偏差的原因,形成文件资料,作为调整施工安排的意见。

3.4　驻地监理工程师根据现场及统计信息,发现实际进度滞后计划进度应及时分析产生的原因,并指令承包人制定纠正措施,消除影响施工进度的不良因素,加快施工进度,抢回损失时间。可督促承包人采取以下方法:

(1)增加劳动及设备投入,加快施工进度。

(2)改一班作业为多班作业,延长实际作业时间。

(3)改变施工方法,用机械代替人力。

(4)多开作业面,安排平行交叉作业,增加单项工程作业时段。

(5)加强调度,消除施工中的相互干扰,协调好机械配合、班组间作业和工序衔接。

3.5　驻地监理工程师要督促承包人落实和执行监理工程师发出的加快施工进度的指令,要考核其执行的程度和效果,对承包人的施工进度实行动态管理和控制。

3.6　监理工程师要积极主动协助承包人搞好进度及计量签证。本着对业主、承包人双向负责的态度,实事求是地对施工进度和工程变更予以签证,使承包人能适时获得应有的计价权利,为后续施工正常进行创造不可缺少的条件。

3.7　驻地监理工程师要主持召开每半月一次的现场监理例会,业主代表、监理负责人、设计代表、承包人现场负责人和技术负责人应参加会议。会议要协调并解决上月影响施工进度目标的问题。其内容如下:

(1)上月施工进度计划执行情况和下月施工进度安排。

(2)对上次协调会整改结果的检查。

(3)在总体目标管理上存在的问题。

驻地监理工程师要为开好现场监理例会作好准备,要拟好会议的提纲,解决的议题要事先通告,要明确参加会议的人员、开会时间及地点,会议要实行签到记录制度,会后驻地监理工程师要拟写会议纪要,印发参加会议的单位,作为执行会议决议的依据。如遇特殊事件,现场监理例会可临时决定进行,力求将影响施工生产的问题在现场解决。

3.8　监理工程师必须执行定期的报告制度,采用监理月报形式向监理总监报告,主要内容包括:工程进展情况、完成的产物工程量、达到的形象进度、完成工程量总的百分比并分析工程施工中的特点,找出影响施工进度的原因和对策,以及提出需要上级和业主协助解决的问题。

4　施工进度事后控制管理

4.1　施工进度的事后控制管理,就是当实际进度与计划进度发生差异时,在分析原因的基础上来采取措施。事后控制应由监理部督促协助驻地监理共同执行。

4.2　监理工程师应根据监理部的要求及承包人呈报并经批准的施工计划和统计资料及时进行对比分析,特别要分析施工进度的现状是否会构成对总工期或相关专业施工期限的延误,一旦发生上述情况,要及时通报监理部,并抓紧督促、协助承包人进行原因分析。

4.3　监理部对突破工期的原因分析,应以数据为基础,采用因果分析法,运用统计技术系统地考虑各方面的因素,从中找出影响工程进度的主导原因,作为制定对策和措施的依据。驻地监理要为分析提供可靠的数据和全面的监理日志。延误工期的原因,可归纳为以下几个方面:

(1)施工方法不当。

(2)资源投入的数量不足或匹配不当,或质量不合要求。

(3)外部施工环境不协调,造成干扰或障碍。

(4)资金或图纸供应不及时。

(5)发生了意外的工程或设计变更。

(6)发生了不可抗力事件,如洪水、地震。

根据延误工期的原因,核实对工期延误的程度。

4.4　对于非不可抗力造成并经努力尚可弥补工期的延误,原则上应要求承包人采取制定不突破总工期的措施进行处理,在兼顾质量、合同造价控制目标情况下,可应用以下措施:

(1)技术措施:缩短工艺作业时间,减少技术间歇,增加平行网络线路,实行平行或交叉作业,缩短改变关键线路,压缩作业总期限。

(2)组织措施:多开作业面,增加作业队伍,增加施工人员,增加作业班次,增加施工机械,提高作业机械化率。

(3)经济措施:提请业主实行奖金包干或设立特别奖,充分发挥经济杠杆的作用。

(4)其他配套措施:改善外部配合条件,加快施工调度,改善劳动条件等。

4.5　经分析、论证,施工期的延误已无法在剩余的工期内弥补,总工期的延误已不可避免,监理部应编写专题报告,阐述延误总工期的处理办法。延误总工期的处理方案要兼顾质量、造价控制目标,要协助承包人编制优良方案,报监理部审议后呈总监审批,再报业主审定。

4.6　监理部收到业主对延误总工期的处理方案批复后,应由监理工程师协助承包人编制新的进度计划,新的进度计划应以业主批复方案、承包合同及补充条款为依据,充分考虑内外部的各种不利因素,考虑可能发生的事件,对工期安排留有余地。新的计划制订后要送总监理工程师审核和核批,业主备案。驻地监理要全面抓好承包人对新计划的安排落实,力求新的进度计划得到全面执行,施工进度达到均衡发展,如出现承包人无能力使计划得到落实的情况,应坚决执行《施工进度计划控制程序》中关于撤换承包人的条款,以保证新的进度计划能得到切实执行,实现改变后的总工期目标。

5　应用的管理技术

5.1　施工进度控制是一项复杂的系统工程,要充分利用联网的计算机技术,监理部必须组成计算机网络,利用计算机网络及时将现场驻地监理与监理部的各种进度信息进行传递、沟通,同时利用计算机进行汇总、统计、分析,以提高速度和准确度,使进度控制做到信息化,真正做到动态中控制。

5.2　在进度动态管理中,必须充分利用统计技术进行对比分析,监理部应充分利用下述统计技术:

（1）利用横道图进行形象进度的对比。

（2）利用时标网图进行工序进度对比,特别是关键线路上的工序控制分析。

（3）利用 S 曲线对总进度的控制进行分析。

第二节　施工监理质量控制监理细则

1　总　则

1.1　为了加强××水电站工程的施工质量控制,保证质量目标的实现,更好地实现项目管理的总目标,特制定本细则。

1.2　本细则的编制依据:国务院《建设工程质量管理条例》、监理部《××水电站工程监理规划》、水电站工程建安工程管理程序有关监理的规定。

1.3　本细则是××水电站工程监理对施工过程进行质量控制的一般规定,监理部除执行本细则规定外,还应针对所管辖范围内的单位、分部、分项工程的类别、施工方法、周边条件等制定各种"监理实施细则",并向业主备案。

2　阶段、目标、组织、总原则

2.1　阶段范围:××水电站工程范围内的招标、施工阶段的所有土建工程施工、金属结构制作与安装工程、机电设备安装工程及与之相应的其他工程项目的建设监理,参与招标、施工、试运行及竣工验收全过程的监理。按监理阶段分为施工准备阶段、施工阶段和保修阶段。

2.2　目标:监理目标即业主与承包人签订的承包合同中规定的质量等级要求,单位工程达到优良等级。

2.3　监理组织:根据工程的具体情况,决定建立二级监理部。总监或副总监为质量、进度、合同造价、合同和信息的管理层,对质量控制实行统一管理;各职能部门为具体项目监理质量控制管理层,实施质量控制。

2.4　质量控制的总原则:控制质量是监理工作的核心。工程质量控制要求承包人密切配合,承包人应根据规定建立严格的质量保证体系,与监理共同完成质量控制。工程质量控制(检查与督促)按工程施工性质和时序分为一个重点(隐蔽工程检查与监督)、三个阶段(施工前的检查与监督、施工中的检查与监督、竣工工程的检查与监督)。

3　施工准备阶段的质量控制

3.1　质量控制的准备工作。

（1）监理部在总监领导下建立和完善质量监控体系,做好质量控制的准备工作,并在实施过程中不断地充实和完善。

（2）监理部在总监领导下编写监理过程中的各项管理程序及监理用表、施工用表,使监理工作程序化、标准化、规范化。

（3）监理部组织学习各项管理程序和有关监理用表,并于开工前,由监理部向承包人交底,承包人应严格按程序运作。

（4）在施工招投标阶段,监理部协助业主编写招标文件中"技术条件"部分,参与评标工作,为业主定标提供质量控制方面的意见。

3.2　监理部应按开工令发布程序检查业主给承包人提供的现场场地、管线拆迁、通道条件是否落实,以及承包人的各项准备工作,为总监审批开工报告提供依据。

3.3　监理部应按施工测量控制程序组织测量监理、设计单位向承包人移交控制桩,并对承包人对测量基准点、标高的复测工作或复测成果进行审查。

3.4　对承包人的审查。

（1）承包人施工队伍进场后,监理部核查承包人的质保体系是否落实,主要人员及质量检查工程师是否到位,查验技术人员的资质证明与技术工种的上岗证书是否与投标书相一致,对不合格的人员,要求承包人撤换。

（2）承包人选择分包商时,监理部应根据工程分包报审程序审查分包商的资质、技术能力、拟派驻工地的各类技术人员素质、质量保证体系情况等,通过后报业主备案。

3.5　监理部应在开工前根据工程需要督促与协助承包人建立现场监控量测基点及检测技术和手段,承包人必须备有相应的测试仪器和专业人员。

3.6　工程使用的原材料、半成品等的质量控制。

（1）凡运进工地现场的原材料、半成品、构配件等,均应由驻地监理工程师检查出厂合格证和材质化验单（或技术说明书）,并进行标识,按《××水电站工程施工建材取样送检规定》进行有见证取样送检或有见证自检,经检验合格后,方可用于工程。凡不合格的,不得用于工程,并限定承包人在规定的时间内运出工地。

（2）驻地监理工程师对进场合格材料的存放条件进行定期检查,不符合要求的督促承包人及时改进。

3.7　驻地监理工程师对承包人进场的机械设备进行检查,看是否符合施工组织设计的要求,进场设备是否处于良好状态,特别是检查计量器具、量测和测量仪器是否有相应的技术合格证,是否已进行校验或校正。只有各项检查合格,方可投入使用。

3.8　监理部审核承包人的施工组织设计和施工方案。重点审查施工组织设计和施工方案中是否有以下几方面的内容:

（1）保证工程质量的可靠技术和组织措施。

（2）重点、难点工程的施工方法文件。

（3）针对质量通病制定的技术措施和预控措施。

（4）对场地地质及环境可能带来的质量与安全问题,应制定切实可行的保证措施。

3.9　监理部具体组织承包人、设计院、业主代表参加的设计交底和图纸审核,使承包人充分了解所施工工程的特点、设计意图和工艺要求,减少图纸差错,消灭图纸中的质量隐患。

3.10　监理部收到承包人提交的"工程开工申请单"后,根据"开工令发布程序"有关规定签认意见,报监理部总监签发开工令。

4　施工过程中的质量控制

4.1　驻地监理工程师对承包人的质量控制自检系统进行检查,监督、协助承包人完善工序质量控制过程,确定工序质量控制计划。

4.2　为保证工序质量,需设置质量控制点。监理部在具体实施细则中明确每道工序的质量控制点是什么,并对超出质量控制点规定相应的程序。

4.3　监理部应组织各驻地监理工程师对质量控制点或分部、分项工程,事先分析在施工中可能发生的质量问题和隐患,分析原因,采取相应的措施进行预控,以防施工中发生质量问题。

4.4　驻地监理工程师必须对重点工序和部位进行重点旁站监督,对施工过程加强巡视检查,及时纠正施工中的质量问题。

4.5　驻地监理工程师对施工放线及高程控制进行检查,严格控制,不合格者不得施工。

4.6　工程施工中每道工序完工以后,按《工序交接检验程序》必须经驻地监理工程师认可其合格,并签字确认后,方可移交给下道工序施工。

4.7　对于隐蔽工程,必须按监理部制定的隐蔽工程检验程序,由驻地监理工程师检查,并报监理部进行资料验证,确认正确无误,进行隐蔽工程验收,合格后方能进行隐蔽。

4.8　每道工序施工前,应对已完成的一些与之密切相关的工程质量及正确性进行复核性的预先检查。未经预检或预检不合格,均不得进行施工。

4.9　驻地监理工程师应对承包人成品保护工作的质量与效果进行经常性检查,督促承包人做好成品保护工作,保护好已完工的工程产品。

4.10　工程变更由监理部工程技术部归口管理,由提议单位提出《工程变更申请单》,按业主制定的《工程变更管理试行办法》进行审批。

4.11　监理部应为工程进度款的支付签署质量认证意见。

4.12　监理部定期组织现场质量协调会和监理例会。

4.13　工程质量事故发生后,由监理部按监理部制定的《工程质量事故处理程序》组织承包人对事故进行调查,分析事故原因,研究确定处理方案,最后对承包人实施处理方案进行检查验收,编写质量事故处理报告。

4.14　分部、分项工程完成后,由监理部按监理部的《分项、分部工程检验评定程序》进行中间产品的检查验收,并根据××水电站工程质量评定标准对分部、分项工程的质量等级评定进行核查。并检查、督促承包人整理好该分部、分项工程竣工验收时所需的各种文件资料。

5　竣工验收阶段与保修阶段的质量控制

5.1　一项单位工程按合同要求完成后,由监理部审查承包人提交的竣工验收所需的文件资料,包括各种质量检查、试验报告以及有关技术性文件,如不符合竣工验收的要求,指令承包人及时补充。同时审核承包人提交的竣工图。

5.2　承包人对单位工程自检合格后,由监理部组织初验,初验合格后,报业主申请正式验收。

5.3　在竣工验收的同时,应对单位工程进行质量等级评定。

5.4　在工程保修阶段,监理部检查工程的质量情况,鉴定质量责任,督促承包人处理好出现的质量问题,并验收处理结果。保修期满后,签发解除缺陷责任证书。

6　质量控制信息化管理

6.1　由监理部负责组织建立计算机信息网络,每天将工地质量管理方面的各种活动及计划安排用计算机进行记录。

6.2　监理部通过计算机网络及时了解工地质量管理方面的动态。

7　其　他

7.1　各级监理质量控制机构均应认真填写监理日志,驻地监理工程师应督促、检查承包人记好施工日志。

7.2　监理质量控制机构应负责本级的监理月报、年报、工作总结中有关质量管理方面内容的编制。

7.3　监理质量控制机构均应建立自己的向上一级机构报告质量管理情况的报告制度。

7.4　监理部应协助、检查、督促监理人员在工程质量控制中各项具体工作的执行情况,利用计算机信息和定期抽查,对工程质量控制情况作出综合评价,掌握质量动态,并定期向总监汇报。

7.5　监理部组织重大技术问题的研讨和重大质量事故的处理。

7.6　本细则由监理部编制,报监理部总监审查批准后执行。

第三节　施工监理合同造价控制监理细则

1　总　则

1.1　根据有关合同文件,编制本细则。

1.2　编制本细则的目的:按照水电站工程的建设进度计划,有效地控制水电站工程资金使用,将工程建设资金充分使用于水电站工程的计划项目和范围,保证合同造价控制目标的实现,保障水电站工程项目按计划建成。

1.3　合同造价控制目标值:业主与各承包人签订的土建安装工程《施工承包合同》中价值的汇总金额(主要控制目标值)加上施工过程中发生的合同造价增减金额作为水电站工程总的合同造价控制目标值。

1.4　合同造价控制原则是:总量控制与进度控制相结合,标段控制与全线控制相结合。

2　对象、组织与期限

2.1　水电站工程合同造价控制的对象是水电站工程合同内工程量清单和合同工程量清单外新增的全部项目。

2.2　水电站工程合同造价控制组织在水电站建设监理部所辖机构内,由各职能部门专职人员组成。

2.3　水电站工程合同造价控制的决策者为监理部总监理工程师及被授权分管的副总监理工程师。

2.4　水电站工程合同造价控制的期限以土建工程开工至竣工决算为时限,该时限含业主与承包人签订的《施工承包合同》中有关条款规定的缺陷责任期。

3　计量与质量控制

3.1　监理部负责承包人呈报的《水电站(填入合同名称)工程进度报表》的原始控制和审核,不合格的工程数量不得报请计价,并保存质量评定表备查。

3.2　监理部负责施工过程中定期检查各监理部对合格工程质量评定表的评定与存卷,不合格工程应返工重做才能进行计量计价。

3.3　监理部负责定期核查承包人报请的计价工程数量,其计价的工程数量不应大于完成的工程数量。承包人报请计价工程数量与施工进度应相吻合。

4　计价工作与控制

4.1　监理部参与招标文件商务部分的工作,按业主对工程项目的划分,分清计量的单位、支付包括的工作内容,防止用错计量单位和遗漏支付应该包括的工作内容。

4.2　参与投标文件商务部分的评价(若业主邀请),向业主提出商务定标的建议。

4.3　编制资金使用计划。

(1)以水电站工程中标单位投标书中的用款计划为依据,汇编全过程初步资金使用计划,促请业主调配资金。

(2)以承包人实施性施工组织设计中的用款设计为依据,汇编全过程施工资金使用计划,该计划应分合同段,按季度、年度列明资金使用量,促请业主按计划筹集工程建设资金。

(3)调整资金使用计划:施工中在业主调整进度计划或有重大变更设计或其他原因,需调整资金使用计划时,应积极调整资金使用计划,向总监报告。

4.4　核实工程进度款。

审核监理部转送的承包人的《水电站(填入合同名称)工程进度报表》,核定合同工程量清单内已合格工程数量的合价与总价,报总监审批。

4.5　商定合同工程量清单外新增项目单价。

审核承包人呈报的合同工程量清单外新增工程项目的单价,并与业主共同确定合同工程量清单外新增工程项目单价,供合同工程量清单外新增工程计价使用。

4.6　竣工决算。

具备下述条件的竣工工程项目或合同段,方可进入竣工决算:

(1)承包人已按《施工合同》完成全部施工图设计的工程量;工程建设已经竣工核验,办理竣工验收证。

(2)竣工工程质量评定表、检测试验报告单等证件齐全,各相关部门已签字。

(3)竣工工程数量已核准签字签认。

(4)合同清单外新增项目的单价已经核准使用。

(5)各月、年工程进度款拨付审核无误。

(6)各种扣留款的扣还扣留已明确无误。

（7）已无遗留的工程缺陷的修复。

5　工程变更控制

5.1　严格执行《工程变更管理试行办法》的规定,严格控制既增加合同造价又延长工期的新增项目,在审核工程变更时,工程技术部应依据《工程变更管理试行办法》的精神加以控制,严禁通过变更提高建设标准。增加内容、增加造价的项目,非变更不可的,事先应作经济分析。

5.2　工程变更单价的控制:执行《工程变更管理试行办法》的规定,对非变更不可的工程变更,其项目单价的确定应遵循以下规定:

　　（1）合同清单中有适合于变更工程的价格,按合同清单中已有的价格计算变更工程价款。

　　（2）合同中只有类似于变更工程情况的价格,可以此为基础,修改和确定为变更工程计算款额的价格。

　　（3）合同清单中无类似的价格,由变更提出单位作出单价分析,经审核批准后作为变更工程计算价款的价格。

5.3　所有变更的工程规格、数量、结构、形式及单价都应经总监或分管副总监核准后报业主批准后执行。

6　索赔控制

6.1　索赔工作执行实施的施工索赔控制程序。

6.2　索赔依据为业主与土建工程承包人签订的《施工承包合同》中有关的条款指明的范围,一般不核准非合同规定索赔,杜绝"道义索赔"的批准。

6.3　加强主动监理、采取预防措施,减少工程索赔,在工程施工中,应对可能引起的索赔进行预测,尽量采取主动补救措施,避免索赔的发生。

7　价差调整控制

7.1　除按合同进行的任何一项变更引起本合同工程或部分工程的施工组织和进度计划发生实质性变动,以致影响本项目和其他项目的单价或合价时,发包人和承包人均有权要求调整本项目和其他项目的单价或合价外,其他任何情况（包括物价、汇率、政策变化）均不调整合同单价或合价。

7.2　已进入价差调整的项目,认真核实价差调整期间内完成的合格工程数量和单位工程量中所包含的调整价差量。

7.3　价差调整的现行单价和差额,执行业主有关通知或其指明的文件。

8　信息工作控制

8.1　主动向业主了解有关水电站建设合同造价方面的信息,收集、储存水电站建设的经济、材料、机械、人力方面的信息,为合同造价控制提供基础材料。

8.2　设立《水电站工程施工监理合同造价控制报告》,监理部利用表格和文字说明,每月、每季提交工程合同造价控制情况报告,以及季合同造价形势分析,对合同造价实际支出与合同造价目标值进行比较,若发现偏差,应分析原因,提出纠偏措施,分析合同造价挖潜和节约的可能性,提出下季资金流向分析和合同造价控制目标,经总监审定报业主,形成自下而上的合同造价控制预测分析系统。

8.3　认真研究业主与承包人签订的《施工承包合同》条款,掌握要旨,正确地使用合同条款,处理施工中的实际问题,防止资金使用环节出偏差,杜绝人为错误引起的造价失控,把好造价控制关,为工程施工服务。要积极参与合同修改工作,防止合同的修改对合同造价控制产生影响。

8.4　利用计算机对合同造价控制进行系统管理,建立造价控制系统,对水电站工程进行跟踪监控。

9　监理部的造价控制

监理部的合同造价控制工作,主要参照本细则内容做好分管标段的合同造价控制工作,其主要内容是:

(1)按既定格式填报标段造价分析报告。

(2)把好标段造价控制关,尤其是工程施工中的工程变更、索赔、调价等环节。

(3)把好区域的资金流向,使管辖内的造价起到保障工程施工的作用。

10　其　他

10.1　本细则为水电站建设监理部对水电站施工进行合同造价控制必须遵循的准则。

10.2　本细则在实施中,遇有不同意见时,可行文报监理部,经讨论修改后加以完善。

10.3　本细则的解释权在水电站建设监理部。

10.4　附件:水电站工程施工监理合同造价控制工作流程图(图3-1)。

造价控制报告

致:＿＿＿＿＿＿＿

现将本季土建(金结及机电安装)工程施工合同造价情况报告如下:

一、完成合同造价情况

水电站工程＿＿＿＿＿＿合同段本季安排施工合同造价计划＿＿＿＿万元,实际完成合同造价＿＿＿＿万元(其中:合同清单内完成＿＿＿＿万元,合同清单外完成＿＿＿＿万元),实际完成合同造价占计划完成合同造价＿＿＿%,超额(未)完成合同造价计划。详见本季《完成合同造价汇总表》。

二、完成合同造价情况分析

本季完成造价中,合同清单内完成造价＿＿＿＿万元,占完成总造价的＿＿＿%,合同清单外新增项目完成造价＿＿＿＿万元,占完成造价的＿＿＿%。在完成的合同造价中,具有以

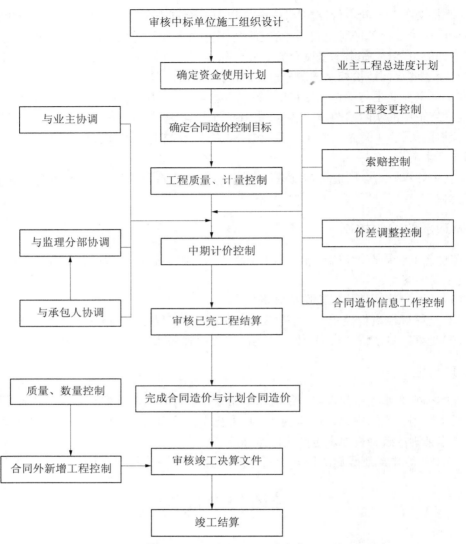

图 3-1　水电站工程施工监理合同造价控制工作流程图

下特点：

1. 完成合同造价以合同清单内（外）项目为主。

2. 超计划完成合同造价的合同段有：＿＿＿＿＿＿＿＿＿＿＿＿＿＿＿＿＿＿＿＿＿

＿＿

合同段，共超额完成＿＿＿＿＿＿万元。

3. 欠计划完成合同造价的合同段有：＿＿＿＿＿＿＿＿＿＿＿＿＿＿＿＿＿＿＿＿＿

合同段，共欠完成＿＿＿＿＿＿万元。

4. 超（欠）完成合同造价的原因是：＿＿＿＿＿＿＿＿＿＿＿＿＿＿＿＿＿＿＿＿＿＿。

5. 合同清单外新增项目共＿＿＿＿项，完成合同造价为＿＿＿＿＿＿万元，产生合同清单外项目的原因是：＿＿＿＿＿＿＿＿＿＿＿＿＿＿＿＿＿＿＿＿＿＿＿＿＿＿＿＿＿＿＿＿＿＿＿。

三、合同造价计划的调整

本季产生合同造价偏差的原因如第二款所述,下季纠正合同造价偏差的措施有:_____

_____

_____。

根据总工期和年度生产合同造价计划的要求,为纠正上述合同造价偏差,下季合同造价计划修改为:计划完成合同造价_____万元(其中:合同清单内_____万元,合同清单外_____万元)。详见《计划完成合同造价表》。

请在下季施工生产中加以指导和协调配合,特此报告。

附:1. 完成合同造价汇总表(见表3-1)

2. 计划完成合同造价表(见表3-2)

总监理工程师(签字):_____

_____年____月____日

表3-1　完成合同造价汇总表　_____年____季度　（单位:万元）

合同号	项目	总价	完成投资情况				累计完成	剩余合同造价
			计划	完成	超欠（＋）（－）	％		
合计								

说明:数据保留至小数点后2位数。

表3-2　计划完成合同造价表　_____年____季度　（单位:万元）

合同号	项目	总合同造价	截至上年度		今年合同造价计划			下季计划	附注
			已完成	余额	计划	已完成	余额		
合计									

说明:数据保留至小数点后2位数。

第四节　合同变更监理实施细则

1　总　　则

1.1　本细则适用于水电站建设工程承包合同工程项目的合同变更监理工作。

1.2　本细则编制的依据是《××水电站建设监理规划》。

1.3　在合同执行过程中,由于设计变更、施工条件变化等原因,需要对原合同文件进行修改或补充,经监理部确认,业主批准,以书面形式进行,承包人应予执行。

2　合同变更的分类

2.1　设计变更:本细则涉及的属一般变更,即分部、分项工程细部结构及局部布置的改变,施工详图的局部修改,一般质量标准和技术要求的变更等。

　　有关涉及××水电站工程特性变化的重大设计变更,以及主体单位工程布置调整、结构型式改变等重要设计变更而导致的合同变更,则另行处理。

2.2　施工条件变更:由于施工地质、水文条件,施工场地、道路、水电供应等施工条件变化以及社会环境、经济环境变化而导致的合同变更。

3　合同变更的提出

3.1　工程建设实施过程中,为优化设计、设计问题的处理,以及施工条件变化等原因,业主、设计、承包及监理部都可以提出合同变更的要求。

3.2　合同变更的要求应以书面形式进行,但均应征得业主批准,按管理程序通过监理部实施。

3.3　设计变更应在施工前1个月提出,涉及防汛、度汛、抢险、重大质量安全问题处理等紧急情况下的设计变更可随时提出,并及时研究处理。

3.4　由于施工条件变化引起的合同变更,应在合同实施过程中随时提出,一般可按工程索赔程序处理。其具体内容详见《索赔控制监理实施细则》。

3.5　合同变更要求或建议应包括以下内容:

　　(1)变更的原因和依据。

　　(2)变更的内容及范围。

　　(3)变更引起的工程量增加或减少以及合同工期的延长或提前。

　　(4)变更导致工程量的变化是否符合设计或规范要求。

　　(5)变更引起工程造价的增加或减少。

　　(6)为审查所必须提交的附图和计算资料等。

4　设计变更的审查

4.1　参与工程建设的任何一方提出的设计变更要求和建议,必须首先交监理部审查,分析研究其经济、技术上的合理性与必要性后提出审查意见,并报业主。

4.2　设计变更的审查原则是：

（1）变更后不能降低工程的质量标准，不能影响今后工程的运行和管理。

（2）变更后不能导致工程控制性工期或合同工期的延长。

（3）变更后的工程费用是经济合理的，不致引起合同价的大幅度增加。

（4）变更后的施工工艺要求应适应现有施工条件、技术水平和设备能力，避免因变更而导致的工程索赔。

（5）变更在技术上必须是可行的、安全可靠的。

4.3　监理部在设计变更的审查中，要审查建议书中提出的变更工程量清单，对变更的单价与总价进行估算，分析工程费用增加或减少的数额，研究其经济上的合理性。

4.4　监理部对一般设计变更的审查期限是 3~7 d，重大或重要设计变更以及特别紧急情况下的设计变更的审查期限则根据具体情况确定。

4.5　在设计审查过程中，监理部要充分与业主、设计单位和承包人进行协商，做好组织协调工作。

5　设计变更的批准

5.1　设计单位提出的设计变更，可按设计文件管理程序由业主批转监理部审核签发，凡不涉及工期推迟、降低质量标准或引起较大索赔的一般变更，设计单位亦可直接交由监理部审核签发，报业主备案。

5.2　承包人提出的设计变更，在业主授权范围内由监理部审查批准，报业主备案，在授权范围以外的，监理部经过审查后，提出意见，报业主批准。

5.3　监理部提出的设计变更，由业主批准。

6　设计变更的实施

6.1　经审查批准的设计变更，仍由原设计单位负责发出设计变更通知书和施工图纸。

6.2　监理部收到设计变更通知书和图纸后，按设计文件审签程序签发承包人，并同时签发"设计变更令"，由承包人组织实施。

6.3　监理部负责组织业主及承包人就设计变更的报价及其有关问题进行协商。

7　合同变更的价款结算

7.1　合同变更的估价原则及方法

7.1.1　原合同工程量报价单中有项目和单价的，如果工程量变化在15%以下，其单价仍采用原合同单价。超过15%的部分，只要原合同中的单价是合理的，应作为估价的基础。

7.1.2　变更工程项目在原合同报价单中没有合适的对应价时，监理部应对承包人提出的报价按照概预算编制的有关规定，结合工程实际情况进行审查后，报业主核批。

（1）以单价结算的合同，监理部审查承包人的变更报价时，人工、材料、定额、取费标准应与原合同相同，并作为计算差价的基础，其价差应由业主确定。

（2）以总价承包的合同，监理部在审查变更报价时，其人工、材料均应以现行价格计算，并按现行配套的有关定额、取费标准计算后乘 0.9 作为议标价，上报业主有关单位审核。

7.2　变更合同量价款结算工作程序

（1）承包人根据监理部的要求,提供变更合同工程量表和变更部分报价单。

（2）监理部对承包人报送的合同变更工程量及变更部分报价进行审核,并报业主批准。

（3）承包人按照国网新源国际水电开发有限公司和监理部的规定填报"变更合同量清单",经监理部、业主各有关部门签证后,作为工程价款结算的依据。

（4）变更合同量价款支付,按工程的实际完成量及变更单价计算。

8　设计变更流程

设计变更流程如图 3-2 所示。

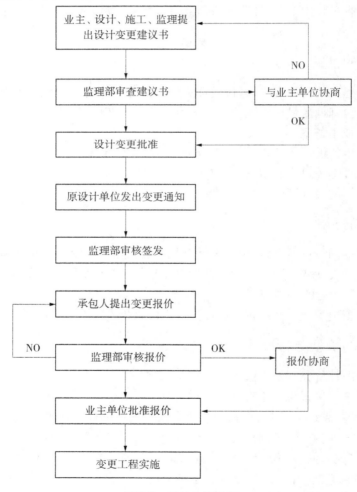

图 3-2　设计变更流程

第五节　工程支付监理实施细则

1　总　则

1.1　本细则适用于××水电站工程建设工程承包合同。

1.2　本细则依据国家及水利电力部门颁发的现行有关规程规范、××水电站工程价款结算管理办法编制。

1.3　工程支付监理工作,主要是对承包人申报的已完合格工程量(产品)的计量审核与确认和支付工程量结算的审核与确认,通过已完工程统计月报来反映工程的完成情况及资金使用效果。具体的财务结算与工程价款划拨由业主财务部门办理。

1.4　工程支付工作的主要依据:

(1)监理工程的工程承包合同及其组成文件。

(2)经监理部签发的工程施工图纸、设计文件、技术要求以及设计变更通知等。

(3)国家及部颁有关概预算编制文件、规定和办法、定额等,以及有关施工规程规范和技术标准中关于支付工程量计量的规定。

(4)经业主、监理部确认的有关工程支付的测量资料。

(5)施工质量证明文件。

(6)业主及监理部的有关指令、指示、通知、文函等。

1.5　水电站工程的工程价款结算实行月底结算方式。相应的工程支付工作亦按月进行。

2　工程支付工作程序

2.1　进度款支付程序

(1)每月27日前,承包单位根据各自的标段编制《××水电站(填入合同名称)工程进度报表》一式5份,以及相应的说明性附件一式3份。

(2)监理部审查已完工程形象进度、工程质量、工程量、结算单价及结算总价。

(3)14日内监理部在《××水电站(填入合同名称)工程进度报表》上签署工程形象进度、质量及工程结算价款的审核意见,并报送业主有关工程项目部审定。

(4)业主有关工程项目部在《××水电站(填入合同名称)工程进度报表》上签章后将其中1份返回监理部,1份送交承包人。

(5)承包单位根据已审核的《××水电站(填入合同名称)工程进度报表》,填制《月进度付款申请单》一式5份,送监理部审签,并办理《工程款付款证书》。

(6)监理部将已审签的《工程款付款证书》送交业主单位的计划合同部进行审核和抵扣有关款项后审签。

(7)业主单位财务部门根据业主单位的计划合同部审签的《工程款付款证书》向承包单位办理银行划款手续。

2.2　其他款项支付程序

2.2.1　工程预付款支付的数额、支付时间以及扣回,应在工程承包合同中作出具体规定、预付款分两次付清,材料预付款根据合同规定按月支付和返还。

2.2.2　质量保证金的扣留和返还应按工程承包合同中的规定执行。

3　支付工程计量的规定

3.1　施工导流和水流控制

（1）本合同工程施工的围堰、基础防渗处理、截流、施工期的基坑排水、安全度汛和防护工程、下闸蓄水、围堰拆除和清理等,按总价进行支付。

总价支付应包括上述工程项目的设计、施工、试验、工程运行和维护以及质量检查、导流工程验收等所需的人工、材料和使用设备等一切费用。

（2）导流洞按单价支付,与导流洞有关的土石方明挖、洞挖、支护、混凝土衬砌和灌浆等的计量按照本细则有关章节中相应规定计量。

3.2　土方开挖工程

（1）土方明挖开始前,承包人应按监理人指示测量开挖区的地形和计量剖面,报监理人复核,并应按施工图纸或监理人批准的开挖线进行工程量的计量。承包人所有计量测量成果都必须经监理人签认。土方明挖以施工图纸和《工程量报价表》所列项目以立方米（m³）为单位计量,并按第一卷《商务文件》规定支付。其费用中包括土方明挖的开挖、装卸、临时支护、施工期临时观测、场地清理及平整、运输、堆存、质量检查、验收等全部人工、材料和使用设备等一切费用。

（2）植被、表土及基础检查清理的费用应包含在相应的开挖单价中,不单独列项支付。

（3）除施工图纸中标明或监理人指定作为永久性排水工程的设施外,一切为土方明挖所需的临时性排水费用（包括排水设备的采购、安装、运行和维修等）,均应包括在《工程量报价表》各土方明挖项目的单价中,不单独列项支付。

（4）超出支付线的任何超挖工程量的费用均应包括在《工程量报价表》所列工程量的每立方米单价中,发包人不再另行支付。

（5）在施工前或在开挖过程中,监理人对施工图纸作出的修改,其相应的工程量应按监理人签发的设计修改图进行计算,属于变更范畴的应按本合同第一卷《商务文件》规定办理。

（6）利用开挖料作为临时工程填筑料时,其开挖费用将不在填筑费用中重复支付。

（7）本标承包人所进行的土料场开挖、运输不单独计量,费用均包含在相应填筑项目的单价中。

（8）总价项目的土方开挖不单独支付,均应包含在相应项目的总价中。

3.3　石方明挖工程

（1）石方开挖前承包人应在开挖区域完成土方开挖后,对地形进行测量,由发包人、监理人、设计人、承包人进行现场鉴定。石方开挖以施工图纸和《工程量报价表》所列项目以立方米（m³）为单位计量,并按第一卷《商务文件》规定支付。其费用包括石方的开挖、装卸、临时支护、施工期临时观测、地质测绘（编录）、场地清理及平整、运输、堆存、质量检查、验收等全部人工、材料和使用设备等一切费用。

（2）由于施工需要所进行的施工排水等一切附加开挖量，均不单独计算支付，应包含在工程量报价表所列的各项设计工程量的每立方米单价中。

（3）除施工图纸中已标明或监理人指定作为永久性工程排水设施外，一切为石方明挖所需的临时性排水费用（包括排水设备的采购、安装、运行和维修等），均应包括在《工程量报价表》各石方明挖项目的单价中，不单独列项支付。

（4）地基清理的费用应包含在相应的开挖单价中，不单独计量与支付。

（5）可利用明挖石料的堆放、整理不另行计价，其工作量均包含在每立方米开挖单价中。

（6）利用开挖料作为永久或临时工程混凝土骨料和填筑料时，进入存料场以前的开挖运输费用不应在混凝土骨料开采和围堰填筑料费用中重复计算。利用开挖料直接上坝或上围堰时，还应扣除至存料场的运输及堆存费用。

（7）本标承包人所进行的石料场开挖、运输不单独计量，费用均包含在相应填筑及其他项目的单价中。

（8）超挖应控制在15 cm以内，此范围内超挖费用计入每立方米开挖单价中，不另行支付；承包人在开挖过程中由于施工措施不当造成超挖超过15 cm，超过15 cm部分除应由承包人承担超挖增加的费用外，承包人还应承担因超挖需要的回填混凝土或经监理人批准的其他回填材料的费用，经监理人认可的地质原因引起的超挖除外。

（9）总价项目的石方开挖不单独支付，均应包含在相应项目的总价中。

3.4　地下洞室开挖

3.4.1　地下洞室开挖按图示的开挖线以立方米（m³）计量，按工程量报价单中所列的各项地下工程开挖的立方米单价支付。该开挖单价应包括如下内容：

（1）各类爆破孔钻孔、装药、爆破、出渣，施工期临时观测、地质测绘（编录），以及开挖面的清理与安全处理。由于承包人的原因而引起的二次出渣或转运亦应包括在内。

（2）承包人因施工需要开挖的施工排水集水井、临时排水沟、避车洞、交通道和施工设备安装间扩挖等一切附加开挖量，均应包括在《工程量报价表》所列项目的每立方米单价之中，不单独计量与支付。

（3）所有有关的测量放样工作。

（4）围岩检查与验收工作。

（5）其他辅助工序。

（6）上述内容的所有机械费、材料费、人工费及工程所在国家或地区规定的其他有关费用等。

3.4.2　照明系统、通风、散烟与抽排水系统等费用均应包括在《工程量报价表》所列各地下开挖工程项目的每立方米单价中，不单独计量支付。

3.4.3　经监理人确认的因地质原因（如软弱夹层、不利结构面等）引起的超挖，应按照监理人在现场签认的开挖量，按《工程量报价表》所列项目的每立方米单价进行支付。单价中应包括开挖、石渣运输和堆放、开挖面清撬冲洗以及质量检查和验收所需的人工、材料及使用设备和辅助设施等一切费用。不良地质处理所增加的支护及混凝土回填工程量应按《工程量报价表》中所列相应项目的单价进行支付。

3.4.4　由于设计原因移动设计开挖线而进行的二次扩挖,其增加的二次开挖量及相应增加的混凝土工程量,应按修改后的设计线计量,并按《工程量报价表》中所列相应项目的单价进行支付。

3.4.5　挖孔桩按施工图纸所示或按监理人现场签认的长度,按《工程量报价表》所列项目,以立方米(m³)为单价进行支付。该单价中包括测量放线、开挖、护壁、石渣运输和堆放、开挖面清撬冲洗、施工期临时监测,还包括施工排水、施工通风、施工照明、通信等临时设施的运行维护及质量检查、验收等所需的一切人工、材料及使用设备和辅助设施等费用(钢筋及混凝土计量与支付见本招标文件《技术条款》)。

3.4.6　地下工程洞口明挖的工程量,在相应部位的基础土石方明挖工程量中计量。

3.5　支护

3.5.1　岩石锚杆

(1)注浆锚杆按不同锚固长度、直径,以监理人验收合格的锚杆安装数量按根计量。

(2)每根锚杆按《工程量报价表》中相应单价支付,单价中包括锚杆的供货和加工、钻孔与安装、灌浆,以及试验和质量检查验收所需的人工、材料及使用设备和辅助设施等一切费用。

3.5.2　喷射混凝土

(1)喷射混凝土的计量和支付应按施工图纸所示或在监理人指示的范围内,以施喷在开挖面上不同厚度的混凝土面积折算成体积,以立方米(m³)为单位计量,并按《工程量报价表》所列项目的每立方米的单价进行支付。

喷射混凝土单价应包括骨料生产、水泥采购、运输、准备、储存、配料、外加剂的供应、拌和、喷射混凝土前岩石表面清洗、施工回弹料及其清除、试验、厚度检测和钻孔取样,以及质量检验所需的人工、材料及使用设备和其他辅助设施等的一切费用。

(2)钢丝网(或钢筋网)的计量范围是指施工图纸所示,或由监理人指定,或由承包人建议并经监理人批准安放的钢丝网(或钢筋网),按实际布设的面积折算成质量,以吨(t)为单位计量,但不包括钢丝网(或钢筋网)搭接面积的质量。

(3)为固定钢丝网(或钢筋网)所需的压网钢筋按施工图纸所示直径和长度折算成质量,以吨(t)为单位计量。承包人为施工需要设置的架立筋及在切割、弯曲加工中损耗的钢筋质量及搭接量,均不予计量。

钢丝网(或钢筋网)和压网钢筋的支付应按《工程量报价表》中所列项目的每吨单价进行支付,单价中应包括钢丝网(或钢筋网)和压网钢筋的全部材料费用与制作安装费用。

3.5.3　钢支撑和钢格栅

经监理人批准投入使用的钢支撑或钢格栅以吨(t)为单位进行计量与支付。单价中应包括钢支撑或钢格栅的材料、加工、安装和拆除(需要时)等全部费用。

3.6　钻孔与灌浆工程

3.6.1　钻孔

(1)凡属灌浆孔、检查孔和排水孔均应按施工图纸或监理人确认的钻孔进尺,按《工程量报价表》中所列项目的各部位(从钻孔钻机进入岩石面的位置开始)钻孔,以每延米为单位计量,并按第一卷《商务文件》中有关规定支付。其费用应包含钻孔所需的人工、材料、使用设备和其他辅助设施,以及质量检查和验收所需的一切费用。因承包人施工失误而报废的钻孔,不予计量和支付。检查孔还包括检查后复灌的费用。

(2)帷幕灌浆和固结灌浆检查孔取芯钻孔,应经监理人确认,按《工程量报价表》中取芯样钻孔,以每延米为单位计量,并按第一卷《商务文件》中有关规定支付。取芯钻孔单价中应包括取芯、试验所用的人工、材料和使用设备,以及为岩芯评价质量等所需的一切费用。由于承包人失误未取得有效芯样的钻孔不予支付。

(3)任何钻孔内冲洗和裂隙清洗均不单独计量和支付,其费用包括在《工程量报价表》中各相应钻孔项目的钻孔作业单价中。

3.6.2　压水试验

压水试验不单独计量与支付,其费用均包括在相应的钻孔单价中。

3.6.3　灌浆试验

灌浆试验费用按总价支付,其费用包括在《工程量报价表》第1组生产性试验项目的总价中。

3.6.4　声波检测

声波检测不单独计量与支付,其费用均包括在相应的钻孔单价中。

3.6.5　水泥灌浆

(1)帷幕灌浆和固结灌浆的计量与支付应按施工图纸所示并经监理人验收确认的延米(m)(从岩石面位置开始)计量,并按第一卷《商务文件》的有关规定支付。其费用包含水泥、掺合料、外加剂等材料的采购、运输、储存和保管的全部费用,以及为实施全部灌浆作业所需的人工、材料、使用设备和辅助设施,各种试验、观测和质量检查验收等所需的一切费用。

(2)回填灌浆、接触灌浆应按施工图纸所示并经监理人验收确认的灌浆面积,以平方米(m²)为单位进行计量,并按第一卷《商务文件》的有关规定支付。其费用包括水泥、掺合料、外加剂等材料的采购、运输、储存和保管,水泥浆液的拌制、灌注的全部费用,以及为实施全部灌浆作业所需的人工、材料、使用设备和辅助设施,各种试验、观测和质量检查验收等所需的一切费用。

(3)灌浆过程中发生的浆液损耗应包含在相应的灌浆作业的单价中。

(4)灌浆用水包括钻孔、灌浆、冲洗、压水试验等作业的用水不单独计量与支付,其费用均包含在相应的各灌浆项目中。

(5)混凝土的预埋管及灌浆孔口保护管不单独计量与支付,其费用均包含在灌浆单价中。

3.6.6　管道

(1)排水孔管道以米(m)为单位计量,并按第一卷《商务文件》中有关规定支付。

(2)预埋灌浆管道不单独计量与支付,均包含在灌浆单价中。

(3)施工所需的辅助管道均不单独计量,其费用均包含在相应的施工项目的单价中。

3.7　土石方填筑工程

(1)填筑计量按《工程量报价表》所列项目以立方米(m³)为单位计量,按单价支付。

弃渣及其他填筑含在相应开挖量单价中,不重复计算。

(2)各种填筑料填筑的每立方米单价中,已包括开挖、运输(利用开挖石渣作填筑料直接进行填筑的,应扣除开挖及运输费用)、堆存、试验、填筑、碾压,以及质量检查和验收等工作所需的全部人工、材料及使用设备和辅助设施等一切费用。

(3)现场生产性试验所需的费用按总价支付,包含在《工程量报价表》所列项目的总价中。

(4)开挖利用料的土石方明挖在有关章节已计量支付,此处不再重复进行计量与支付。

(5)土工合成材料工程量应以完工时实际测量的铺设面积计算,以平方米(m²)为单位计量,并按《工程量报价表》所列项目的每平方米单价进行支付,其中接缝搭接的面积和折皱面积不另行计量。该单价中包括土工合成材料的采购及土工合成材料的拼接、铺设、保护等施工作业,以及质量检查和验收所需的全部人工、材料及使用设备和辅助设施等一切费用。土工合成材料拼接所用的黏结剂、焊接剂和缝合细线等材料的提供及其抽样检验等所需的全部费用应包括在土工合成材料的每平方米单价中,发包人不再另行支付。

3.8　模板

所有模板不单独进行计量与支付,上述模板的设计、材料的供货、制作、运输、安装、维护保养和拆除等所需的人工、材料、使用设备和辅助设施等一切费用均包含在相应混凝土单价中,不单独计量与支付。

3.9　钢筋

3.9.1　钢筋(含插筋)

钢筋按施工图纸所示并经监理人确认的直径和长度换算成质量,以吨(t)为单位计量,按《工程量报价表》所列项目的单价支付。单价中包括钢筋的供货、加工、运输、储存、安装(包括钢筋的连接)、试验与质量检查和验收等所需的全部人工、材料,以及使用设备和辅助设施等一切费用。承包人为施工需要设置的架立筋、钢筋的搭接长度,以及在切割、弯曲加工中损耗的质量等,均不予计量,其费用摊入相应单价中。

3.9.2　建基面锚筋

与锚杆计量与支付方式一致,见本招标文件《技术条款》有关规定。

3.9.3　其他

承包人用于支撑钢筋、锚筋、插筋等定位的材料,包括铁丝、支垫、钢筋、梁托、垫块及其他固定用材料等均不单独支付,其费用均包含在相应的项目单价之中。

3.10　混凝土工程

3.10.1　普通混凝土(含钢筋混凝土)

(1)混凝土按施工图纸所示并经监理人确认的建筑物轮廓线或构件边线内实际浇筑的混凝土工程量,按《工程量报价表》中所列项目以立方米(m³)进行计量与支付。其单价包含混凝土所用材料的采购,建基面的清理,混凝土的生产、运输、浇筑、养护、施工缝处理、表面保护、质量检查、验收、缺陷修补和混凝土面修整等所需的人工、材料及使用设备和辅助设施等一切费用。

（2）凡圆角或斜角、金属件占用的空间，或体积小于0.1 m³或截面积小于0.1 m²的预埋件占去的空间，在混凝土计量中不予扣除。

（3）为满足混凝土温控要求的骨料预冷、冷却水和冰的生产、导流洞堵头及其他部位的冷却水管及附件、通水冷却、温度测量及监测、表面保温等均不单独支付，应包含在相应项目的混凝土单价内。冷却水管及附件包含材料供货、制作、安装、拆除、回填、试验、检验、质量检查和验收等所需的全部工作内容。

（4）探洞、钻孔混凝土回填以监理人签认的合格的工程量并按《工程量报价表》中相应的每立方米单价进行计量与支付。在回填混凝土前需要进行的清理费用不单独支付，应包括在探洞、钻孔等回填的混凝土单价中。

（5）止水、止浆所用的各种材料的供应和制作安装，应按《工程量报价表》所列项目进行计量与支付，伸缩缝均包含在每立方米单价中。

（6）根据本细则要求完成的混凝土配合比试验及取样试验，其费用均包含在每立方米单价中，不单独支付。

（7）混凝土温控费用包括在相应混凝土每立方米单价中，不单独计量与支付。

3.10.2　预制混凝土

（1）预制混凝土的计量与支付以施工图纸所示的构件尺寸，按《工程量报价表》所列项目的单位进行计量，支付方式按照本合同第一卷《商务文件》相关条款规定支付。

预制混凝土单价中应包括原材料的采购、运输、储存，模板的制作、搬运和架设，混凝土的浇筑，预制混凝土构件的运输、安装、焊接等所需的全部人工、材料及使用设备和辅助设施以及试验检验和验收等一切费用。

（2）预制混凝土的钢筋应按施工图纸所示的钢筋型号和尺寸进行计算，并经监理人签认的实际钢筋用量，以每吨为单位进行计量，支付方式按照本合同第一卷《商务文件》相关条款规定支付。

每吨钢筋的单价包括钢筋材料的采购、运输、储存，钢筋的制作、绑焊等所需的人工、材料，以及使用设备和辅助设施等一切费用。

（3）对于总价支付的项目，施工所用的预制混凝土费用不单独支付，均包含在各项目的总价中。

3.11　砌体工程

3.11.1　临时工程的砌石和砌砖体计量与支付

临时工程的砌石和砌砖体以总价支付的，所需的一切费用包含在相应临时工程总价中，发包人不另行计量与支付。

临时工程的砌石和砌砖体以单价支付的，以施工图纸所示的建筑物轮廓线或经监理人批准实施的砌体建筑物测量计算的工程量以立方米（m³）为单位计量，并按《工程量报价表》所列项目的每立方米单价进行支付。

3.11.2　永久工程的砌石和砌砖体计量与支付

（1）砌石以施工图纸所示的建筑物轮廓线或经监理人批准实施的砌体建筑物测量计算的工程量以立方米（m³）为单位计量，并按《工程量报价表》所列项目的每立方米单价进行支付。

(2)砌砖体工程所用的材料(包括砖、水泥、砂石骨料、外加剂等)的采购、运输、保管,材料的加工,砌筑、砂浆抹面、试验、养护,质量检查和验收等所需的全部人工、材料,以及使用设备和辅助设施等的一切费用均包括在砌筑体单价中。

(3)砂浆抹面和屋顶防潮涂层以施工图纸所示的部位或经监理人批准实施的工程量以平方米(m^2)为单位计量,并按《工程量报价表》所列项目的每平方米单价进行支付。

屋顶防潮涂层施工所需的各种材料的采购、运输、储存、保管、试验,防潮涂层的铺设、涂刷、养护,以及质量检验和验收等所需的全部人工、材料、使用设备和辅助设施等一切费用均已包括在每平方米单价中。

(4)埋入砌砖中的拉结筋以吨(t)计量,并按钢筋制作与安装的相应单价支付。

因施工需要所进行砌体基础面的清理和施工排水,均应包括在砌筑体工程项目的单价中,不再单独计量支付。

3.12　压力钢管的制造和安装

3.12.1　钢管及其附件的计量与支付

(1)钢管及其附件的制造。钢管(含伸缩节)及其支座、人孔、加劲环、支承环、阻水环及止推环等附件的制造应按施工图纸所示的全部钢管和附件的计算质量,以吨(套)为单位计量,并按《工程量报价表》所列项目的每吨(套)单价支付。

其单价中包括钢材采购、运输、保管和验收,钢管及其附件的制造、焊接和热处理、焊缝检验等所需的人工、材料(包括损耗)及使用设备和辅助设施等的一切费用。

(2)钢管及其附件的安装。钢管(含伸缩节)及其支座、人孔、加劲环、支承环、阻水环及止推环等附件的安装应按施工图纸所示的全部钢管和附件的计算质量,以吨(套)为单位计量,并按《工程量报价表》所列项目的每吨(套)单价支付。

其单价中包括钢材及其附件的运输、焊接、安装、热处理、焊缝检验、安装所需的辅助材料(加固件及临时支撑材料)等所需的人工、材料(包括损耗)及使用设备和辅助设施等的一切费用。

(3)水压试验。按设计要求进行,费用分别按岔管或其他管段水压试验总价承包。

3.12.2　涂装的计量与支付

涂装的费用包含在《工程量报价表》所列项目的钢管防腐的每平方米单价中,其费用包括涂装材料的采购、运输、保管和验收,涂装试验和检验,涂装施工、现场局部补充涂装、涂层养护等所需的人工、材料及使用设备和辅助设施等的一切费用,发包人不另行支付。

3.12.3　钢管接触灌浆的计量与支付

钢管接触灌浆的计量与支付以平方米(m^2)为单位计量,并按《工程量报价表》所列项目的每平方米单价支付。

其单价中包括灌浆材料的采购、运输、保管和验收,灌浆试验和检验,以及质量检查和验收等所需的人工、材料及使用设备和辅助设施等的一切费用。

3.13　钢结构的制造和安装

(1)钢结构以施工图纸所示并经监理人确认的工程量,按《工程量报价表》所列项目的单价计量与支付。

其单价中包括材料供货、构件的制造和安装、检验和试验,以及质量检查和验收等所需的全部人工、材料、使用设备和辅助设施等的一切费用。

为了固定构件使之在混凝土浇筑、灌浆过程中保证正确位置所需的临时拉杆、夹具、安装螺栓、焊接金属及其他杂项材料不单独计量,其费用包括在相应项目的单价中。

(2)涂装作业,包括涂装材料的采购、运输和存放,涂刷、试验和养护等工作所需的人工、材料、使用设备和辅助设施等的一切费用不单独支付,其费用均应包括在各钢结构物的单价中。

3.14 闸门采购及金属结构设备安装

(1)安装工程项目的支付,按《工程量报价表》所列该项目以吨为单位进行计量并以单价支付。

(2)单价中已包括所有安装设备(包括附属设备)从工地运输、保管、安装、涂装、现场试验和试运转、质量检查和验收,以及完工验收前的维护等所需的全部人工、材料、使用设备和辅助设施等一切费用。

3.15 机电设备安装工程

(1)机电设备安装工程所有项目的计量,均以本招标文件第一卷《商务文件》中《工程量报价表》所示的单位进行计量。

(2)承包人按合同规定为完成对发包人提供的工程设备的提货(接收)、转运(含装卸、运输及运输保险投保)和接收后的仓储、维护、保养、保管等所需发生的全部费用均计入《工程量报价表》中相应工程设备安装单价中,不另列项计量。

(3)对于发包人提供的工程设备,承包人应按合同规定承担设备接收后直至竣工移交前运行(亦含临时动用)、维护、保养、缺陷处理与交接验收,其所需发生的全部费用均计入《工程量报价表》中相应工程设备安装单价中,不另列项计量。

(4)除合同规定由发包人提供的工程设备及随设备成套供货的随机材料外,为完成本合同工程承包工作所需的安装辅助材料及消耗性材料等均由承包人负责采购、装卸、运输(含运输保险投保)、验收、仓储和保管并承担其所需全部费用,其费用计入本招标文件第一卷《商务文件》中《工程量报价表》相应项目的单价中,不另列项计量。

(5)凡在《工程量报价表》中未单独列项且属于工程设备的金属基础件、基础埋件、设备自身接地的制作与安装,以及工程设备自身的控制、监测系统等安装所需人工、材料、机械使用、工装设施的费用,均包含在《工程量报价表》中相应工程设备的安装单价中,不另列项计量。

(6)凡属于工程设备成套供货的管线、电缆电线及其他全部配套附件等的安装所需人工、材料、机械使用、工装设施的费用,均包含在《工程量报价表》中相应工程设备的安装单价中,不另列项计量。

(7)《工程量报价表》中的管道(包括油管、气管、水管等)敷设包括明敷与埋设两种。明敷管道安装的工作范围包括:管件的焊接与连接,管道支架/吊架的安装,基础埋件的制作与安装,管道的安装定位,管道的清洗、试验、防腐、着色标识、保温等;埋设管道安装的工作范围包括:管件的连接与焊接,管道的过缝处理,管道的支承,管道的安装定位,管道的清洗、试验、防腐等。

(8)电缆安装包括明敷、穿管暗敷及电缆沟敷设等方式,《工程量报价表》中电缆的安装单价为各种敷设方式的综合单价。电缆的各种敷设方式及其固定等所需人工、材料、机械使用、工装设施的费用均包含在《工程量报价表》中电缆的安装单价中,不另列项计量。

(9)照明器具的灯头盒、开关盒、接线盒、插座盒安装所需人工、材料、机械使用、工装设施的费用均包含在《工程量报价表》中相应设备的安装单价中,不另列项计量。

(10)接地施工中的支撑、过伸缩缝等安装和防腐所需人工、材料、机械使用、工装设施的费用均包含在《工程量报价表》中相应项的安装单价中,不另列项计量。

(11)所有电气埋管的安装工程按《工程量报价表》中相应项计量。电气埋管安装中使用的支撑、电气埋管临时封口盖板、过伸缩缝的管外套管等安装和防腐所需人工、材料、机械使用、工装设施的费用均包含在《工程量报价表》中电气埋管安装单价中,不另列项计量。

(12)凡在《工程量报价表》中未单独列项的由承包人承担的工程设备系统本身检查、试验、调整、整定、调试、试运行及缺陷处理等所需发生的全部费用均包含在《工程量报价表》中相应项的安装单价中,不另列项计量。

(13)凡在《工程量报价表》中未单独列项,但本招标文件《技术条款》中规定由承包人承担的责任和义务所需发生的一切费用均包含在《工程量报价表》相应项目安装单价中,不另列项计量。

3.16　建筑装修及给排水工程

(1)地面主(副)厂房、升压站、坝区及永久生活区等建筑物的土建工程、装修工程、消防系统及生活给排水工程以施工图纸所示并经监理人确认的工程量,按《工程量报价表》所列项目的单价进行计量和支付。其中除钢筋混凝土柱、砌块以立方米(m^3)为单位计量,钢筋以吨(t)为单位计量,栏杆扶手以延长米(m)为单位计量外,其余建筑装修工程均以平方米(m^2)为单位计量。其单价包括各种材料的采购、运输、储存、保管、试验及质量检查和验收等所需的全部人工、材料、使用设备和辅助设施等一切费用。

(2)在混凝土浇筑及墙体砌筑过程中,为固定埋件使之位置正确而采用的起吊装置、临时支撑、锚杆、锚具、连杆、垫片、加强肋、夹具和油漆、止水环、过缝设施等各种材料,以及埋管临时盖板、堵头等不单独计量,均包含在埋件单价中。

3.17　工程安全监测工程

(1)仪器交货验收、保管、率定、埋设安装的工程量以施工详图和设计通知为依据,按监理人审批的实际发生的工程量计算,并按工程量报价表中的单价支付。

(2)由承包人提供的文件、图纸、报告、资料磁盘等均包括在合同范围内,发包人不再支付费用。

(3)监测仪器设备的交货验收、保管、率定、埋设安装,以及所需的人工、材料、设备与损耗等一切费用均应包括在《工程量报价表》的相应项目所列的单价中。

(4)合同期观测及资料整理应按《工程量报价表》中所列项目的总价支付,该总价中包括施工期监测及设备维护所需的人工、材料、使用设备和辅助设施及仪器设备,质量检查和验收,施工期巡视检查,以及监测成果整理分析和编制工程监测报告等各项工作所需的全部费用。

(5)在施工过程中及承包人的保修责任期内,因承包人的责任而导致被损坏的仪器设备的采购、率定、埋设安装的工程量不予计量和支付。

3.18　环境保护与水土保持及库底清理工程

（1）环境保护与水土保持包含的工作内容,已在《商务文件》相关章节《工程量报价表》中单独列项的（如护坡、挡墙、排水等）或工程项目中必需的环境保护与水土保持措施的费用应包含在相应的工程项目的单价或总价中。

（2）除第（1）项规定外,其他环境保护与水土保持费用总价包干。按《工程量报价表》所列的项目总价支付。

3.19　劳动安全与工业卫生工程

安全文明施工措施费按各投标人建筑安装工程总费用的5‰计列,作为一般项目并列出主要实施项目的细目及分项报价,由发包人、监理人监督审核,专款专用。

3.20　道路工程

场内施工道路（含桥涵）按总价支付,发包人不另行计量与支付,总价支付应包括上述工程项目的设计、施工、试验,工程运行和维护,以及质量检查、验收等所需的人工、材料和使用设备等一切费用。

3.21　永久生活区工程

3.21.1　基础工程

（1）土石方明挖开始前,承包人应按监理人的指示测量开挖区的地形和计量剖面,报监理人复核,并应按施工图纸或监理人批准的开挖线进行工程量的计量。土石方明挖以施工图纸和《工程量清单》所列项目以立方米（m³）为单位计量。支付方式按照本合同第一卷《商务文件》相关条款规定,以单价支付。其单价中包括土石方明挖的开挖、装卸、临时支护、场地清理及平整、运输、堆存、质量检查、验收等全部人工、材料和使用设备等一切费用。

（2）土石方明挖超挖部分的工程量以及清理山坡的费用,应包括在土石方明挖工程项目的单价中,不单独进行计量与支付。

（3）植被、表土及基础检查清理的费用应包含在相应的开挖费用中,不单独列项支付。

（4）除施工图纸中已标明或监理人指定作为永久性工程排水设施外,一切为土石方明挖所需的临时性排水设施（包括排水设备的采购、安装、运行和维修、拆除等）均包括在《工程量清单》的土石方明挖项目的单价中,不单独列项支付。

（5）土石方任一层开挖工程款必须在该层边坡支护（永久支护）完成后方可结算,如需提前结算须得到监理人批准。

（6）由于承包人施工措施不当引起的额外超挖及由此引起的回填处理所发生的费用,由承包人自理,发包人不另行支付。

（7）由于施工需要所进行的一切附加开挖量,均不单独计量支付,应包含在《工程量报价表》所列的各项单价中。

3.21.2　其他工程

（1）办公、生活楼,设备仓库等建筑物的土建工程、装修工程、给排水工程、建筑电气工程、室外绿化工程以及施工图纸所示并经监理人确认的工程量,按《工程量报价表》所列项目的单价进行计量与支付。其中除钢筋混凝土柱、细石混凝土找坡、砌块以立方米（m³）为单位计量，钢筋以吨（t）为单位计量，楼梯栏杆扶手以延长米（m）为单位计量外，其余建筑装修工程均以平方米（m²）为单位计量。其单价包括各种材料的采购、运输、储存、保管、试验及质量检查、验收等所需的全部人工、材料、使用设备和辅助设施等一切费用。

（2）在混凝土浇筑及墙体砌筑过程中，为固定埋件使之位置正确而采用的起吊装置、临时支撑、锚杆、锚具、连杆、垫片、加强肋、夹具和油漆、止水环、过缝设施等各种材料，以及埋管临时盖板、堵头等不单独计量，均包含在埋件单价中。

（3）电气预埋管和预埋件，应按施工图纸所示和监理工程师签认的数量，以《工程量清单》所列项目的计量单位和单价进行计量与支付。

（4）电气设备安装的计量与支付，应按施工图纸所示的材料计算数量及《工程量清单》所列项目的计量单位和单价进行计量与支付。

（5）《工程量清单》所列各项目的单价内，已计入全部电气预埋管（件）和电气设备安装及其附件材料的采购、运输、保管、加工、安装、埋设、检验、试验、清洗、防腐、维护和验收，以及接地测量等所需的全部人工、材料和使用设备与辅助设施等的一切费用。

（6）厂区永久生活用水工程按总价承包。

3.22　其他

（1）承包人为施工需要所增加的开挖、支护、回填等附加工程量，及其在投标书工程量报价单中列入的临时工程项目，或列入其他属于总价承包的工程项目，均不予进行支付计量。

（2）合同文件或设计文件或业主对支付计量另有规定者，按相应规定执行。

（3）进场费。承包人为进行施工准备所需的人员和施工设备的调遣费及进场开办费，应由承包人按《工程量报价表》所列的总价项目专项列报。

（4）临时设施建设费。本节第1.9小节所列的各项临时设施，应由承包人按《工程量报价表》所列的总价项目分项列报（包括分项费用构成），各项目总价中应包括各项临时设施的设计和施工所需人工、材料和试验检验，以及临时设施设备的安装和调试等全部费用（不包括临时设施设备的购置费）。

（5）施工测量基准控制网建立与观测。施工测量基准控制网建立与观测由承包人按工作内容，在《工程量报价表》所列总价项目中进行专项列报。

（6）退场费。工程完工验收后，承包人进行完工清场、撤退人员和设备、撤离临时工程、场地平整和环境恢复等所需的费用，应由承包人按合同规定的工作内容在《工程量报价表》所列总价项目中进行专项列报，发包人应在监理人检查确认承包人完成全部清场撤退工作后56 d内予以支付。

（7）临时设施拆除。由承包人按合同规定需要拆除的内容在《工程量报价表》所列总价项目中进行专项列报。

（8）其他费用。除《工程量报价表》所列的全部项目及其工作内容外，承包人按本细则规定进行的各项工作，其所需费用均应分摊在各项目的报价中，发包人不再另行支付。

4　支付工程量量测的规定

4.1　合同书《工程量报价表》中所列的工程量,不能作为最终支付结算时的工程量,承包人进行支付结算的工程量,应是监理部验收合格、符合支付计量要求的实际工程量。

4.2　承包人对承建工程(或部位)进行支付工程量量测时,应在量测前向监理部递交收方量测申请报告。报告内容应包括:工程名称,工程分部、分项或单元工程编号,量测方法和实施措施,经监理部审查同意后,即可进行工程量量测工作。必要时,监理部将派出监理工程师参加和监督工作的进行。

4.3　监理部要求对收方工程任何部位进行补充或对照量测时,承包人应立即实施;否则,由监理部主持的量测成果被视为对该部分工程支付工程量的正确量测。

4.4　土方开挖前,承包人应对区域的地形进行复测,石方开挖前,承包人还应对完成土方开挖后的出露地形再进行测量,并报监理部审核备案。土石方开挖的支付工程量,按施工详图或经设计调整最终确认的开挖线(或坡面线)以自然方量(立方米)为单位进行量测。

4.5　土石方填筑支付工程量的量测,应严格按设计要求进行,按不同高程、不同部位、不同坝料的填筑面积,经过施工期压实及自然沉陷以后的压实方,以立方米(m³)为单位进行量测。

4.6　所有支付工程量的量测成果包括计算书、测图等,都必须事先报监理部审核认可。

5　支付工程量的结算及审核

5.1　承包人应按工程支付程序规定的时间,向监理部提交支付工程量结算申请,其主要内容包括:

(1)已完工程量月报表(按《××水电站(填入合同名称)工程进度报表》填制)。

(2)支付工程量的质量证明文件(施工质量终检合格证,分部、分项工程验收签证,质量等级评定证明等)。

(3)月施工进度计划表及其执行情况说明。

(4)施工图纸、设计文件号,业主或监理部的有关文件号。

(5)申请结算工程项目施工中的质量、安全事故及其处理说明,停工、返工、违规记录及其处理说明。

(6)已完成工程量计算清单,包括收方计算底稿及其他为工程支付所进行的量测成果。

(7)业主监理部要求报送的其他资料。

其中《××号水电站(填入合同名称)工程进度报表》是签署支付工程量结算意见的表格,是支付工程量结算申请的主要表达形式,其他资料则是为审核"报表"所必须提交的说明和依据性资料。

5.2　要求支付工程量结算必须符合以下条件:

(1)支付工程量必须达到"合格"的质量标准。

(2)支付工程量必须是当月完成或以前尚未结算的。

(3)属于本监理工程项目范围内的,工程承包合同规定必须进行支付结算的,或虽非属合同规定支付结算的工程量,但属于经业主或监理部要求施工或同意认可的工程量。

5.3　监理部应对支付工程量结算申请进行认真审核。主要审核工作内容有:

(1)支付工程量结算申请是否资料齐全、完整。

(2)支付工程量项目是否符合工程报价单中的工程项目划分、编号及项目名称,即确定是否属于合同内规定结算项目。

(3)工程形象进度,已完工程量是否达到月施工进度计划要求。

(4)支付工程量的计量是否属实,是否符合支付工程量与测量的有关规定要求,计算是否正确。监理部应对承包人的计量测量成果进行抽查复测。

(5)结算单位是否与合同文件相符。

(6)结算总价是否正确。

(7)合同外工程量计量的依据是否完备正确,以及合同外项目单价的审核。

(8)其他应审核的内容。

5.4　监理部应在规定期限内对支付工程量结算申请全面审核完毕,并在《××水电站(填入合同名称)工程进度报表》上签署审核意见,包括:

(1)全部申报工程量准予结算支付。

(2)全部或部分(写明编号)申报工程量暂缓结算支付。

(3)全部或部分(写明编号)申报工程量不予结算。

《××水电站(填入合同名称)工程进度报表》审核意见由监理部总监理工程师或副总监理工程师签署。

5.5　在接到签证意见后,承包人如对审核意见持有异议,由承包人合同项目负责人在接到签证意见的7天内书面提请监理部重新予以确认。监理部重新确认的支付工程量,可在下次支付工程量结算申请中再次填报。

5.6　如果承包人报送资料不全,或不符合要求,而引起结算审核签署延误所造成的损失由承包人承担。

6　工程支付价格的调整

在本合同实施中,无论发生任何物价波动等原因引起的价格变化(包括工资)均不作调整。

7　报表格式及要求

(1)报表一律采用 A3 型复印纸或宽行打印纸。

(2)报表一律采用计算机编制打印。

(3)同时报送电子文件。

(4)具体格式见《××水电站(填入合同名称)工程进度报表》。

8　报表填写内容及要求

(1)报表以每项承包合同为单元编制,在报表的封面及每项报表表头都要按格式要求填写合同编号和合同名称。

（2）报表第一项为封面，按附件格式填写，承包人要加盖单位公章。

（3）报表第二页为编制说明，说明合同执行情况、关键项目控制工期实施情况及原因分析，描述当月工程形象面貌，以及其他需要说明的问题（一页纸不够可加页）。

（4）表3-3为质量安全鉴定表，由监理工程师根据工程情况据实填写，业主工程部审查签章。

（5）表3-4为《××水电站（填入合同名称）工程进度报表》格式，第一栏序号要按合同报价单的编号填写，当年未发生的项目可空号，合同外增补的项目按计划统计管理办法每季度办理一次增补项目费用的审批手续，同时也增补编号。

（6）表3-5为变更合同量清单。

9　附　件

此规定从颁布之日起执行，执行中若有不妥之处，请向监理部合同信息管理部提出，由合同信息管理部统一修改。

表3-3　质量安全鉴定表

合同编号：　　　合同名称：　　　报出时间：　　年　　月　　日　　第　　页

| |
| |
| |

监理部：　　　　　　　　　填报人：　　　　　　　　项目工程部负责人：

表 3-4　××水电站（填入合同名称）工程进度报表

合同编号：

合同量单价（元）

（金额单价：元）

序号	工程项目或费用名称	单位	合同量			完成工程（工作）量																	备注
			工程量	单价	合价	承包人申报					监理工程师审核						业主审定						
						工程量		金额			工程量			金额			工程量		金额				
						本月	累计	单价	本月	累计	本月	累计	占合同比例	单价	本月	累计	本月	累计	单价	本月	累计		
1	2	3	4	5	6	7	8	9	10	11	12	13	14	15	16	17	18	19	20	21	22	23

承　包　人：　　　　　　　　　　监　理　部：　　　　　　　　　　业　主：

单位负责人：　　　　　　　　　　总监理工程师：　　　　　　　　　　工程处：

填　报　人：　　　　　　　　　　监理工程师：　　　　　　　　　　综合处：

表3-5　变更合同量清单

| 序号 | 变更项目名称 | 单位 | 项目变更 | | 工程量变更 | | 单价变更 | | 变更净投资 | 变更理由 | 审定意见 |
			工程量	单价	合同量	变更量	合同价	变更价			

监理部审核意见

工程部审核意见

财务部审核意见

计划合同部审核意见

注：序号应采用原合同项目序号，新增项目应按原合同序号编号原则增编序号。

第六节　文明施工与环境保护实施细则

1　总　　则

1.1　本细则是依据《建设项目环境保护管理办法》、设计文件等有关规定制定的,执行本细则时必须同时遵守国家和地方政府有关环境保护的法律、法规和规章。

1.2　本细则是××水电站工程监理对施工过程进行文明施工与环境控制的具体管理细则,适用于××水电站工程。

2　文明施工

2.1　××水电站工程项目要广泛深入地开展安全文明施工,创建"文明工地"

（1）创建文明工地,就要提高文明施工水平,使文明施工规范化、标准化、制度化;承包人要认真贯彻文明施工的要求,推行现代管理方法,科学组织施工,做好现场文明施工的各项管理工作。

（2）承包人应当按照施工总平面布置图设置各项临时设施。场内堆放大宗材料、成品、半成品和机具设备,不得侵占道路及安全防护等设施。

（3）施工现场的主要管理人员在现场应当佩戴证明其身份的证卡,施工人员应佩戴××水电站工程"工地出入证"。

2.2　文明施工

（1）施工现场的用电线路、设施的安装和使用必须符合安装规范与安全操作规程,并按施工组织设计进行架设,严禁任意拉线接电。施工现场必须设有保证施工安全要求的电压和工地照明。

（2）施工机械、车辆应当按照施工总平面布置图规定的位置和线路行驶,不得任意侵占场内道路。各种施工机械进场须经过安全检查,经检查合格的方能使用。施工机械操作人员必须建立机组责任制,并依照有关规定持证上岗,禁止无证人员操作。

（3）承包人应该保持施工现场道路畅通,排水系统处于良好状态;随时清除建筑垃圾,保持场容场貌的整洁。在车辆、行人通行的区域施工,应当设置沟井坎穴覆盖物和施工标志。

（4）施工现场应当设置各类必要的职工生活设施,并符合卫生、通风、照明等要求。职工的膳食、饮用水供应等应符合卫生要求。

（5）承包人应做好施工现场安全保卫工作,采取必要的防盗措施,施工场地按有关规定设置围蔽,建立门卫制度,进入现场实行登记,非施工人员不得进入施工现场。

2.3　文明施工教育

承包人应在工程开工前对全体有关人员进行文明施工教育,为创建文明工地打下良好的基础,并制定有效的文明施工管理规定,做到事事有人管、处处有人负责。

3　环境保护

3.1　环保环卫的一般要求

（1）承包人对施工合同的施工范围界限之外的植物、树木,必须尽力加以保护和维持原状;场区内的植物、树木按拆迁要求办理或采取保护措施。承包人不得使污染源的有害物质(如燃料、油料、化学品、酸等,以及超过允许剂量的有害气体和尘埃、弃渣等)污染土地、大气、河川。如因破坏环境而遭致经济损失或赔偿,承包人应承担全部责任。

（2）承包人应采取各种有效的保护措施,防止在场区土地上发生土壤冲蚀,防止由施工而造成的开挖料对河流、沟渠的淤积。应将工程开挖料按规定分选运至专门指定的存弃渣场堆放,运输车辆离开施工场地应在洗车槽冲洗干净;污水、泥浆水应经沉淀后方可排入河流。由于承包人违反规定而招致环境破坏和经济损失,由承包人负全部责任。

（3）承包人应严格对粉尘进行控制,对未做地面硬化部位要定期压实和洒水;卸有粉尘的材料时,应洒水湿润或在仓库内进行,以减少对周围环境的污染。

（4）承包人应在施工现场和生活区设置足够的卫生设施,定期清扫垃圾,并将其运至指定的地点进行掩埋或焚烧处理,以保持施工区和生活区的环境卫生与清洁。

3.2　施工环境保护

（1）施工过程中,监理部应督促承包人按工程承包合同文件规定,做好施工区界限之外的植物、生物和建筑物的保护并使其维持原状。对施工活动界限之内的场地,督促承包人采取有效措施,防止发生水土流失、土壤冲蚀、河床和河岸的冲刷与淤积。

（2）为保持施工区和生活区的环境卫生,必须及时清理垃圾,并将其运至指定的地点进行掩埋或焚烧处理。

（3）污水处理和排放场内应设沉淀池和冲洗池,还应做到:①所有的生活或其他污水必须分别处理后方可排入河流。②采用钻孔或其他施工产生的泥浆,未经沉淀不得排入河流;废浆和淤泥应使用专用车辆运输。③不明管线应先探明,后施工,不许蛮干。施工中若发生管线损坏情况,应立即采取必要的抢救措施,并报告国网新源国际水电开发有限公司和政府主管部门。

（4）土方开挖过程中,如发现有文物迹象,应立即停工,采取有效保护措施,并通知文物主管部门处理后,方可恢复施工。

（5）粉尘控制。①禁止在施工现场烧有毒、有害和有恶臭气味的物质。②装卸有粉尘的材料时,应洒水湿润和在仓库内进行。③地面未做到硬化时,要定期压实和洒水,减少灰尘对周围环境的污染。

3.3　运输车辆环保

（1）工地汽车出入口均应设置冲洗槽,对外出的汽车用水枪将汽车冲洗干净,方可让车辆出门。

（2）装运建筑材料、土石方、建筑垃圾及工程渣土的车辆,应采取有效措施,尽量保证行驶途中不污染道路和环境。

4　噪声控制

4.1　施工中要尽量控制噪声,并应采取措施降低噪声。

4.2　工程爆破作业应严格按批准的爆破设计进行,确保周围建筑物、人员的安全。

第七节　施工安全监理实施细则

1　总　则

1.1　本细则适用于××水电站工程施工合同的施工安全监理工作。

1.2　监理部坚持"安全第一、预防为主"的原则,认真贯彻执行国家和有关政府部门颁布施行的法律、法规和安全规程,按照合同规定行使业主赋予的安全监理方面的权力和责任,并对业主负责。

1.3　监理部负责监督检查施工安全措施和防护措施;检查施工承包人在劳动保护及环境保护方面是否符合合同规定和国家规定的标准;随时提出保证安全生产的意见和建议,将事故消灭在萌芽状态;参加重大事故调查并提出调查报告。

1.4　监理部对安全生产的监督和检查,并不代替或减轻承包人对安全生产应承担的合同责任和义务。

2　安全生产的组织监理

2.1　监理部要对承包人的安全管理机构设置、安全管理技术人员的配备、安全监测设备仪器的配置,以及安全管理工作体系的建立进行审核和确认。

2.2　审查批准承包人按照承建工程特点编制的工程施工安全规程和专项业务措施计划与应急救援预案。

2.3　做好安全施工的组织协调,解决相邻工程项目的施工干扰,排除不安全因素或潜在的不安全因素。

2.4　对承包人职工上岗前的安全培训和考核进行审查,不合格者不得上岗。

2.5　监理部至少每月要进行一次检查落实有关安全生产的活动,并参加承包人定期举行的安全工作会议和安全生产检查。

2.6　敦促承包人开展安全生产无事故活动。协助制定《安全生产奖励条例》,以促进安全生产和提高工效。

2.7　组织或参与对安全事故进行的调查分析,监督承包人对安全事故的处理,重大安全事故应及时向业主报告。

2.8　定期向业主报告安全生产情况,并按规定编制监理工程项目的安全统计报表。

3　安全规程

3.1　监理部进行施工安全监理的依据是,国家和上级单位颁布的施工规范、操作规程和业主的有关指令。

3.2　承包人可以参照有关安全防护规定和本单位实践经验制定安全规程,安全规程必须报送监理部审查,并呈报业主批准后,方可贯彻执行。

3.3　监理部审查承包人所申报的安全规程应遵循的原则是:各项控制指标均不得低于国家规定标准。

3.4　承包人编制的安全规程其内容应涉及以下方面:

　　(1)劳动保护设施及器具、用品。

　　(2)施工现场安全监护及爆破警戒。

　　(3)粉尘及噪声的控制。

　　(4)火工材料的运输、使用和储存。

　　(5)施工道路和施工运输。

　　(6)机械运行和维护。

　　(7)焊接及防火防爆措施。

　　(8)高空作业及防护。

　　(9)恶劣天气(暴风、暴雨、雷电)时的安全措施。

　　(10)施工用电安全防护。

　　(11)防汛措施。

　　(12)灾害或事故的救护程序。

4　爆破工程安全监理

爆破工程安全监理工作流程如图3-3所示。

图3-3　爆破工程安全监理工作流程

4.1　监理部进行爆破工程安全监理的依据是《水电水利工程爆破施工技术规范》(DL/T 5135—2001)和《爆破安全规程》(GB 6722—86)。

4.2　炸药、雷管等火工材料的采购、运输、储存、使用,应接受当地公安机关的管理,有关规定、措施等文件须报监理部备案。

4.3　承包人在爆破作业施工前应进行爆破试验,选定爆破参数,进行爆破设计,监理部负责对爆破设计进行审查,并监督施行。

4.4　鉴于地区多雷电的特点,为保证爆破作业的安全,本监理工程项目采用电引爆系统时要引起高度重视。

4.5　爆破施工区必须确定危险区边界,并设置警戒标志和声响信号。在统一规定的爆破时间内进行作业。

4.6　爆破作业结束后,爆破人员应按规定的等待时间进入爆破点,检查施爆情况,在确认爆破点安全后,方可解除警报,撤收警戒信号,并认真填写爆破记录,监理部可随时抽查或调用。

4.7　监理部要对承包人的安全警戒措施进行审批,并报业主备案。对施工现场爆破引起的人身伤亡事故和对建筑物的破坏事故应及时到现场调查、处理、备案。

4.8　监理部应督促、检查承包人对爆破施工进行监测,并配置必要的试验检测设备和仪器,对承包人的监测成果进行抽查、检验和复测。

4.9　爆破安全监测主要进行弹性波传播速度、加速度的测试,并配合地质宏观检查等。

5　高空作业安全监理

5.1　监理部应督促、协助承包人制定高边坡开挖、高压竖井、高层建筑施工等高空作业的安全措施。高空作业施工方案经监理部审批后方能施行,并报业主备案。

5.2　监理部应敦促、监督承包人定期进行高空作业人员身体检查,开展安全教育,执行安全操作规程。凡身体不合格和未经安全培训人员不得从事高空作业。

5.3　监理部应对承包人的高空作业防护设施配备、起重设备、施工机械完好状况进行检查,凡不符合高空作业安全规程和存在潜在安全隐患者,应及时勒令停工。

6　照　明

6.1　夜间施工时,承包人应在施工作业地点和道路设置足够的照明条件,为各种施工作业或工作区提供的最低照明度如表3-6所示。

表3-6　施工作业区最低照明度

作业地区	照明度(lx)
明挖作业区	50
交叉运输或其他危险条件的运输道路	50
维修车间和辅助建筑	300

6.2　所有夜间使用的移动设备或设施,应装备足够的灯光或反光镜,以确保其安全工作的条件。

6.3　作业区使用的电器照明设备必须具备良好的绝缘措施,避免人身触电伤亡事故的发生。

6.4　监理部应对承包人作业区的照明条件进行监督和检查。凡达不到作业最低照明度标准的高边坡、坑槽及洞室施工区,应该及时下达安装照明设施的指令或停工指令。

7　信　号

7.1　监理部应敦促承包人为施工安全提供一切必要的信号装置,包括标准道路信号、报警信号、危险标志信号、安全及指示信号等。

7.2　监理部应检查承包人在施工区内的信号的设置和维护工作,如有损坏应及时补充和维护,以保证安全生产和文明施工。

8　防　汛

8.1　监理部应在每年的一季度末,根据施工具体情况审查施工承包人制订的防汛、度汛措施计划,并报业主备案。

8.2 防汛措施计划的内容应包括:

(1)工程项目防汛、度汛措施:①度汛标准;②度汛、防汛技术方案;③道路布置;④高边坡、坑槽施工防护措施;⑤防暴雨、雷电措施等;⑥防汛、度汛应急预案。

(2)度汛设备、物资器材计划及储备。

(3)防汛组织机构和抢险组织机构及人员组成。

(4)通信设备、照明和电器设备。

(5)其他应落实的工作。

8.3 防汛抗洪抢险工作,监理部和承包人都必须服从××公司防汛指挥部的统一指挥和调度。

9 安全生产报告

9.1 监理部负责审查施工承包人的周报和月报中有关安全生产情况,并进行调查、分析、核实后,向业主报告监理工程项目的安全生产情况。内容包括:

(1)安全生产情况综述。

(2)安全生产主要活动。

(3)安全事故统计。

(4)安全生产措施和建议等。

(5)安全事故紧急救援预案。

9.2 安全事故报告:在生产过程中,承包人凡发生重伤以上的人身事故或损失5万元以上的机械设备事故、坍塌、水火及意外灾害等,均应在事发后3 d内,专题报告监理部。

9.3 监理部接到承包人的安全事故报告后要及时组织现场调查、事故分析,提出处理意见和今后防范措施,并报业主,报告内容应包括:

(1)事故情况综述。

(2)事故调查分析。

(3)事故处理意见。

(4)今后防范措施。

9.4 除安全事故报告外,凡××公司规定的有关安全报表,都应遵照执行。

9.5 施工安全和环境保护工作是衡量一个承包人文明施工的重要条件,在评定文明施工先进承包人时,安全和环保工作具有"否决权"。

第八节 洞室工程施工监理实施细则

1 总 则

1.1 本细则适用于××水电站工程地下洞室的支护、衬砌、回填、灌浆等施工项目。

1.2 本细则编制的依据是:

(1)××水电站工程施工承包合同;

　　（2）××水电站工程设计文件、图纸和施工技术要求；

　　（3）国家、部颁有关地下工程施工的规程、规范等。

2　施工准备

2.1　地下洞室工程开工前 28 d,承包人应向监理部报送洞室工程施工组织设计,其内容包括：

　　（1）施工布置；

　　（2）开挖爆破技术措施；

　　（3）出渣方式和施工设备；

　　（4）洞口保护措施和施工安全支护；

　　（5）通风、排烟和除尘；

　　（6）施工照明；

　　（7）排水措施；

　　（8）施工进度计划；

　　（9）质量、安全措施；

　　（10）劳动力和材料供应计划等。

2.2　承包人应根据设计图纸和要求,进行施工测量放线,其精度应满足设计和测量规范的有关规定。测量成果应报监理部审核和复测检查。

2.3　承包人报送的施工组织设计和测量成果,经监理部审核和复测批准后,承包人可提出开工申请报告。

2.4　监理部收到开工申请报告后,应对施工准备情况进行全面检查,认为具备开工条件时,经征得业主同意,下达开工令。

3　洞室工程施工程序

3.1　施工程序

　　（1）施工准备；

　　（2）洞口明挖及处理；

　　（3）洞室开挖和安全支护；

　　（4）开挖断面清理；

　　（5）地质素描；

　　（6）喷锚支护；

　　（7）混凝土衬砌；

　　（8）回填灌浆；

　　（9）打排水孔；

　　（10）检查验收。

3.2　监理部检查督促按施工程序施工,上一道工序经检查合格签证后,方可进行下一道工序施工。

4　洞室开挖

4.1　洞室开挖之前,应进行洞口开挖边线的测量放样,并经监理部审核无误后方可开工。

4.2　洞脸开挖削坡应自上而下进行,严禁上、下垂直双层作业。并做好危石清理和边坡支护工作。

4.3　洞口明挖完成后,经自检和监理部组织有关单位联合检查签证后,方可进洞开挖。

4.4　进洞开挖前,承包人应向监理部报送洞室开挖爆破设计,其内容应包括:

　　(1)炮孔布置图;

　　(2)装药结构;

　　(3)起爆方式和顺序;

　　(4)爆破参数和控制手段;

　　(5)爆破安全和操作规定。

　　监理部在签收后 7 d 内提出审批意见。

4.5　承包人应按已审批的爆破设计进行开挖作业。要加强技术管理,做好施工记录。并应根据实际开挖爆破情况调整爆破参数,提高爆破质量和效果。

4.6　洞室开挖施工中,承包人每隔 20 m,应对洞室轴线、断面尺寸、洞中心线、高程、洞壁起伏差进行全面测量检查,并设置洞身桩号标志,做好检查记录。监理部应及时进行抽检,保证开挖质量。

4.7　洞室开挖中遇到不良地质条件时,承包人应向监理部通报情况,提出稳妥可靠的施工方法和支护措施,经监理部审核并征得设计单位和业主的同意后实施,承包人采取有效措施保证围岩的稳定性。

4.8　洞室开挖中,承包人应进行必要的安全监测。根据监测资料和地质预报,决定和调整施工方法,确保施工质量和施工安全。

5　锚喷支护

5.1　洞室施工时,应根据洞室地质情况,采取不同的支护措施,如管棚、格构梁、随机锚杆、系统锚杆、喷混凝土、挂网喷混凝土、钢木支撑、混凝土衬砌等。

5.2　洞室进口是锚喷支护的重点,为保证洞口安全,根据地质条件,可采用单一的处理方式,也可采用复合型的处理方式。

5.3　洞室施工时,应准备适量的锚杆、喷混凝土材料和机械设备,并应做好锚杆材质、喷混凝土材料的抽检和试验工作,材料试验成果应报监理部审批。

5.4　锚喷作业施工程序和要求,应按监理部编制的《工程锚喷支护监理实施细则》的规定施行。

6　混凝土衬砌

6.1　洞室混凝土衬砌施工前 28 d,承包人应编制混凝土衬砌工程施工作业计划,报监理部审批。

6.2 洞室混凝土衬砌使用的水泥、钢筋、止水和原材料,应按有关规定进行材质试验和提供产品质量证明资料。混凝土配合比应通过试验确定,以上试验成果和质量证明报监理部审核批准后,方可进行施工。

6.3 洞室混凝土衬砌施工程序和要求,应按监理部编制的《混凝土工程监理实施细则》的有关规定施行。

7 回填灌浆

7.1 灌浆作业前 14 d,承包人应编制灌浆工程施工作业计划,报监理部审批。其内容应包括:

    (1)灌浆工程布置图;

    (2)灌浆工序、工艺和设备;

    (3)灌浆材料及制浆要求;

    (4)灌浆压力及变浆标准;

    (5)作业进度和质量控制措施。

7.2 回填灌浆应在衬砌混凝土达到 70% 强度后分序进行,要严格按设计要求控制灌浆压力。

7.3 回填灌浆钻孔布置和施工程序应按设计图纸及有关规范要求进行。

7.4 灌浆材料:一序孔采用 0.5:1.0 水泥浆,二序孔采用 1:1 和 0.5:1 两个比级的水泥浆。空隙大的部位一序孔应灌注水泥砂浆。

7.5 洞室回填灌浆的质量控制和检查验收,按《水工建筑物水泥灌浆施工技术规范》(SL 62—94)和有关规定进行。

8 排水孔

8.1 排水孔的布置、造孔工艺和质量要求应严格按照有关设计图纸与技术规定进行施工,施工中如因地质构造或其他因素需调整设计参数时,应报监理部并征得设计单位同意后实施,未经批准不得随意改变排水孔的尺寸和布置要求。

8.2 排水孔施工除非有特殊要求者外,一般应在锚喷混凝土衬砌和灌浆工作完成后实施,避免排水孔失效或扫孔工作量的增加。

8.3 排水孔施工完毕后,承包人应提交自检报告,由监理部会同设计单位进行检查验收,重要部位验收应邀请业主参加。

9 通风、排水、照明

9.1 承包人应根据洞室开挖的施工方法、施工程序和结构型式,选择不同的通风方式,凡长度大于 50 m 的洞室均应选择机械通风方式,通风措施计划由承包人负责编制,报监理部审核后实施。

9.2 洞室工程施工中,承包人应根据地下水渗漏程度及施工用水量的多少做好施工排水工作,创造良好工作环境,确保施工安全。

9.3　洞室开挖必须采用湿式钻孔、喷雾洒水等综合防尘措施,文明施工。

9.4　洞室施工用的通风、排水、照明器材,应保证数量和质量,确保工程顺利施工,洞室照明度应达到 50 lx。

10　施工安全

10.1　洞室开挖要建立质量安全保证体系,要配备洞室开挖专职安全员,每次爆破后,必须清理松动岩块和对不稳定楔体采用随机锚杆加固,保证安全施工。

10.2　要做好洞内和洞外爆破的协调工作,防止意外事故的发生。

10.3　洞室施工过程中,监理人员将随时检查施工流程的施工工艺是否符合技术要求。对关键工序进行"旁站"或跟踪监理,并查阅施工原始记录和自检报表,组织重要部位或工序的检查签证工作(见表 3-7 ~ 表 3-9)。

表 3-7　洞脸岩体鉴定表

承包人:　　　　　　　　　　　　　　　　　　　　　　编号:

单位工程		分部工程		分项工程	
工程部位		起止桩号		高程	
设计图纸、通知					
承包人自检情况					
	承包人:　　　　　　　　　　　　　　　　年　　月　　日				

续表 3-7

设计单位鉴定意见	地质设计鉴定：　　　　　　　　　　　　　　　　年　　月　　日
	设计代表：　　　　　　　　　　　　　　　　年　　月　　日
监理部意见	监理部：　　　　　　　　　　　　　　　　年　　月　　日

表 3-8　开挖质量检查统计表

承包人：　　　　　　　　　　　　　　　　　　　　编号：

单位工程		分部工程		分项工程		
工程部位		起止桩号		高程		
序号	轴线偏差（cm）	高程偏差（cm）	超挖（cm）	欠挖（cm）	相邻炮茬间台阶高（cm）	相邻炮孔间岩面起伏差（cm）	爆震裂隙（cm）	
							长	宽
1								
2								
3								
4								
5								
6								
7								
8								
9								
10								
平均								

残孔率（%）　顶拱：　　　　　　　侧壁：　　　　　　　平均：

初检：　　　年 月 日　复检：　　　年 月 日 终检：　　　年 月 日

表3-9　混凝土浇筑、衬砌开仓证

承建单位：　　　　　　　合同编号：　　　　　　　　　编号：

	单位工程			分部工程名称		
	分项工程名称			桩号		
	高程			工程量（m³）		
	施工依据					
	缝面处理、清洗					
	岩面处理、清洗					
模板	强度和刚度		钢筋	型号及批号		
	稳定性			间、排距		
	平整、光洁			平整度		
	平面尺寸误差			搭接长度（cm）		
	预留孔、洞尺寸及位置			保护层（cm）		
	止水（浆）片	搭接长：	插入基岩：	尺寸：	位置：	
	预埋件	用途：	规格：	数量：	位置：	
灌浆系统						
材料质量	混凝土配合比					
	水泥		粉煤灰		外加剂	
	粗骨料		砂料		其他	

承建单位意见：

初检：　　　　　　　复检：　　　　　　　终检：　　　　　　年　　月　　日

监理部意见：

监理工程师：　　　　　　　　　　　　　　　　　　　　年　　月　　日

第九节　土石方开挖工程监理实施细则

1　总　则

1.1　本细则适用于××水电站工程施工合同(合同编号)标书内的所有开挖工程。其中包括:厂房及开关站工程、闸坝工程、混凝土重力坝工程,以及水电站工程建设监理部承担的其他监理工程项目的地基、边坡、道路等的开挖爆破工程。

1.2　本细则编制的依据是:

　　(1)工程监理合同;

　　(2)××水电站工程施工承包合同;

　　(3)××水电站工程施工详图和相应的设计说明及技术要求等;

　　(4)国家、部颁发的岩石基础开挖、爆破、施工测量、工程验收等有关规程、规范、规定和标准等。

1.3　本细则是××水电站工程建设监理配套性文件之一。实施过程中应与《监理规划》和有关实施细则配合使用。

2　施工准备

2.1　施工承包合同签署之后,承包人即可向监理部提交进场申请报告。监理部按照施工承包合同的有关规定,对由业主负责提供和解决的征地移民,设计文件、图纸,施工道路、供水、供电、通信等进行检查。如条件已具备,即批复承包人进场,做施工组织准备工作。

2.2　监理部对设计文件和图纸审核签发以后,尽快组织设计单位向承包人进行设计技术交底,并编写设计交底会议纪要。

2.3　业主通过监理部向承包人提供施工区首级测量控制网及基准数据,并组织现场交桩工作。

2.4　承包人接到首级测量控制点后,应向监理部报送"施工测量工作大纲"。在施工准备阶段应完成施工控制网的测设加密工作;施工控制网设计及测设成果资料应报监理部审核,必要时监理部将进行复核测量。

2.5　承包人在施工准备阶段,应对承建工程项目原始地形进行测量,其成果资料包括平面图、断面图及测量记录,必须报监理部审核,必要时监理部将进行复核测量,并呈报业主备案。

2.6　土石方开挖工程开工前28 d,承包人应向监理部呈报该工程施工组织设计,经审核批准后,依照其组织施工,并报业主备案。

　　施工组织设计应包括以下内容:

　　(1)施工总平面布置图;

　　(2)施工道路布置图;

　　(3)施工方法和施工措施;

　　(4)施工设备和辅助设施的数量、型号及性能表;

（5）施工进度图和相应的计划；

（6）开挖分层、分块作业程序图；

（7）一般爆破、控制爆破、光面爆破、预裂爆破设计成果及参数选定；

（8）土石方平衡及弃渣场规划；

（9）施工场内风、水、电的供应和应急措施；

（10）施工防汛及排水措施；

（11）边坡开挖防护及施工安全措施；

（12）质量保证措施和施工管理体系。

2.7　单项工程开挖前 14 d,承包人应提交施工放样测量成果,送监理部审核。为保证放样准确,必要时监理部应进行旁站监理或抽查复测。在施工放样工作中,监理部所进行的审核和检查,并不意味着减轻承包人对保证放样准确性所应负的合同责任。

2.8　承包人完成施工准备,呈报的施工组织设计已经审核批准,并完成施工放样工作之后,应按照施工承包合同规定的日期向监理部提交工程开工申请。

2.9　监理部按照施工合同有关条款,对承包人临建设施的修建、组织机构设置、施工设备及物资器材准备、劳动力进场、施工道路修筑等施工准备工作进行检查,确保其满足开工要求。监理部对工程开工申请经过审查并征得业主同意后,下达开工令。

2.10　承包人如未能按以上程序和规定呈报有关文件与开工申请报告,由此而造成的施工工期延误和其他损失,均由承包人承担全部责任;若承包人按规定呈文,在规定时期内未收到监理部的批复,可视为已经同意。

3　爆破作业

3.1　爆破设计

（1）在开挖爆破施工作业前 14 d,承包人应将爆破设计方案和安全防护措施报监理部审批。

（2）钻爆作业必须按监理部批准的开挖爆破设计组织施工。凡未经监理部同意,不得擅自改变钻爆方法和爆破参数。

（3）开挖爆破施工中,承包人要检查爆破效果。如发现爆破效果与原设计意图不符,应及时分析原因,总结经验,修订爆破设计,并征得监理部同意后实施。

3.2　爆破试验

（1）在基础开挖、坑槽开挖、洞室开挖、高边坡开挖中,将分别采取控制爆破、光面爆破、预裂爆破等施工方法。承包人在开挖施工之前或开挖施工中,应进行爆破试验,其试验成果应及时报监理部审核、备案。

（2）爆破试验的场地、规模、测试手段、试验方法等有关问题,可根据施工现场的实际情况,由承包人提出试验计划,经监理部审核,并呈业主同意后实施。

（3）爆破试验要按照爆破设计规定程序进行,配置必要的监测仪器设备,作好爆破现场测试记录和资料收集,并对试验资料进行分析整理,编写试验成果报告。

3.3　爆破器材

（1）结合××水电站工程特点和确保爆破作业安全,承包人应采用非电导爆网络、孔间微差爆破技术进行施工。

（2）承包人自行采购的火工器材（包括炸药、雷管、导爆索、导火索等）都必须是具有国家规定的产品生产资格厂家的产品，并应有产品试验鉴定资料和说明书。每批产品都必须有出厂合格证，方可使用。

（3）承包人对使用的火工器材，应按照有关规定进行抽检试验。在施工过程中，如发现异常现象，本批火工器材应停止使用，并报火工器材供货单位，组织有关单位、生产厂家及有资格的质量管理单位共同进行试验鉴定。凡不符合国家标准和技术规程要求的，一律不准用于工程施工。

3.4　组织管理

（1）爆破作业必须建立严密的管理体系，组建必要的班组建制，制定严密的管理制度和技术岗位责任制，并报监理部审查备案。

（2）从事爆破作业的操作人员，必须经过专业培训，并取得合格证书后，持证上岗。不准无证人员作业。

4　施工开挖质量控制

4.1　基础开挖

4.1.1　水工建筑物基础开挖，应按照施工详图的设计规定和施工开挖规范的要求进行。如果按设计开挖线挖出的基础，满足不了水工建筑物的建基需要，由设计单位修改设计，承包人应按经监理部审核的设计修改通知，继续开挖。

4.1.2　基础开挖应采用自上而下的分层梯段开挖方式。分层厚度应按设计要求、爆破方式、钻孔设备、挖装机械的性能等因素确定。

4.1.3　为保证基础开挖面不受爆破震动影响，承包人必须按设计要求和岩石基础开挖施工规范的规定进行控制爆破，并通过爆破试验确定分段起爆药量。

4.1.4　开挖爆破接近建基面时，应采用预留保护层的方式进行开挖，在经过爆破设计论证和可靠的现场试验资料的基础上，也可采用预裂爆破或光面爆破的方法进行一次性爆破开挖。光面爆破、预裂爆破必须按爆破试验数据进行设计，并报监理部审批后，方可实施。

4.1.5　基础开挖后的表面处理，应按设计图纸和有关规范的要求进行，并应符合工程竣工验收的标准。

4.2　边坡开挖

4.2.1　承包人在进行边坡开挖施工前，应按照设计图纸的要求，结合现场地质条件、边坡高度和倾角、边坡支护形式及马道设置情况，编制施工措施计划。

4.2.2　边坡开挖应采用预裂爆破或光面爆破的方法施工。为保证开挖边坡岩石不受爆破震动的损伤，在预裂孔前排应设减震孔。

4.2.3　边坡开挖爆破，应根据边坡地质情况进行单响药量的控制。特殊部位，应进行监测试验和专门的论证，并征得监理部同意后，方可实施。

4.3　特殊部位的开挖

4.3.1　对于重要的、设计特殊的部位，在施工前应进行爆破试验，根据试验成果编制详细的施工计划，经监理部审核后实施。

4.3.2　设计要求预留保护层,如承包人要改变施工方法,必须经过试验和论证,并经设计、监理同意后,方可施行。

4.3.3　应对边坡处理、观测孔的钻孔、观测点的设置和现场观测做好配合协调工作,以防因爆破控制不严、配合不当而影响工程质量,造成经济损失。

5　施工排水

承包人要做好基坑的排水设计。每年汛期施工度汛和排除暴雨集水的任务也较重,承包人还要做好施工度汛规划。施工排水设计和度汛计划均应报监理部审核,呈业主备案。

6　开挖石渣

6.1　开挖石渣的处理方式,设计单位和业主都有明确的规定。微新岩石渣料运往人工骨料贮料场。不符合人工骨料要求的开挖石渣,运往弃渣场。

6.2　承包人应根据开挖工作场面和坝区地质情况,做好开挖石渣料的平衡规划。

6.3　如因其他工程需要,业主、设计单位决定调配本工程的开挖渣料时,承包人应认真执行,密切配合。

7　施工安全和质量控制

7.1　施工中要建立健全安全管理体系,设立专职安全工程师主管施工安全。

(1)制定安全生产责任制,人人明确安全工作职责范围,各尽其职。

(2)施工现场设置齐全的安全标志、信号。进入施工现场的人员要佩戴安全帽,服从安全员的监督管理。

(3)爆破作业要搞好安全警戒和放炮信号,遵守统一规定的放炮时间。

(4)建立防汛指挥领导小组,确保安全度汛。搞好雨季施工排水,防暴雨,防雷电。加强施工边坡检查,及时清除各种隐患。

7.2　工程质量管理要贯彻"百年大计,质量第一"的精神,建立健全质量保证体系。实施现场监督,执行工程质量奖惩制度。

(1)实施质量岗位责任制,设立专职质量工程师,严格执行质量管理三检制。不合格工序不验收,监理部不验收的项目不结算。

(2)土石方开挖,严格控制测量放样、钻孔、装药、起爆等工序,采取挂牌上岗,分区负责。

(3)定时召开质量工作会议,分析研究施工中存在的质量问题,防止质量事故的发生。

(4)承包人在开挖爆破时,重要部位应进行爆破检测,如震动速度衰减系数等,以便评价爆破对地基的影响程度。

(5)监理部对设计界面布孔测量放线定位进行抽查,对爆破开挖工序的质量控制,如造孔、装药、爆破等进行跟踪检查监督。

(6)各种参数、质量检查记录表如表3-10 ~ 表3-16所示。

表 3-10 预裂(光面)爆破参数表

单位工程：　　　　工程部位：

分部工程：　　　　起止桩号：

分项工程：　　　　高程：

编号：

孔号	孔口高程 (m)	孔底高程 (m)	对应孔底设计水平面高程 (m)	造孔倾角 (°)	造孔方位 (°)	孔径 (mm)	孔距 (m)	孔深 (m)	药卷直径 (mm)	不耦合系数	线装药密度 (g/m)	孔底加强段线装药密度 (g/m)	堵塞段以下减弱线装药密度 (g/m)	堵塞长度 (m)	最大一段单响药量 (kg)

承包人：

表 3-11 开挖工程梯段爆破参数表

单位工程：　　　　工程部位：

分部工程：　　　　起止桩号：

分项工程：　　　　高程：

编号：

孔号	梯段高程 (m)	孔口高程 (m)	孔底高程 (m)	造孔倾角 (°)	孔径 (mm)	孔深 (m)	孔距 (m)	排距 (m)	炸药品种	单孔药量 (kg)	最大一段单响药量 (kg)	堵塞长度 (m)	单方耗药量 (kg/m³)	总装药量 (kg)	爆破总方量 (m³)	起爆方式

承包人：

表3-12　预裂(光面)爆破钻孔、装药质量检查记录表

承包人：　　　　　　　　　　　　　　　　　　　　　编号：

单位工程				分部工程				分项工程	
工程部位				起止桩号				高程	
孔号	设计孔深 (m)	实测孔深 (m)	设计孔距 (m)	实测孔距 (m)	设计孔斜 (°)	实测孔斜 (°)		设计单 孔药量 (kg)	实际单 孔药量 (kg)

检测：　　　　　　　校核：　　　　　　审查：　　　　　　　年　月　日

表3-13　预裂(光面)爆破质量检查记录表

承包人：　　　　　　　　　　　　　　　　　　　　　编号：

单位工程			分部工程			分项工程	
工程部位			起止桩号			高程	
孔号	孔深 (m)	半孔痕长度 (m)	钻孔偏差		孔间最大不平整度 (cm)		爆破裂隙
			宽(m)	长(m)	+	−	宽(mm)	长(mm)

检测：　　　　　　　校核：　　　　　　审查：　　　　　　　年　月　日

表 3-14　爆破开挖钻孔质量检查表

承包人：　　　　　　　　　　　　　　　　　　　　编号：

工程项目			分部分项工程	
起止桩号			高程	
检查项目	设计值		检查情况	
	主炮孔或缓冲孔	预裂孔		
钻孔数				
梯段高程(m)				
孔径(mm)				
排距(m)				
孔距(m)				
倾斜度(°)				
孔深(m)				

承包人检查意见：

初检：　　　　年　月　日　复检：　　　　年　月　日　终检：　　　　年　月　日

质量检查意见：

监理部：　　　　　　　　　　　　　　　　　　　　　　　　　年　月　日

表 3-15　爆破开挖装药质量检查表

承包人：　　　　　　　　　　　　　　　　　　　　　　　编号：

工程项目			分部分项工程	
起止桩号			高程	
检查项目		设计值		检查情况
		主炮孔或缓冲孔	预裂孔	
孔数				
线装药密度（g/m）	上			
	中			
	下			
堵塞长度（m）				
总装药量（kg）				
起爆网络图				
单孔药量（kg）				
最大一段起爆药量（kg）				

承包人检查意见：

　

初检：　　　年 月 日 复检：　　　年 月 日 终检：　　　　　年 月 日

质量检查意见：

　

监理部：　　　　　　　　　　　　　　　　　　　　年　　月　　日

表 3-16 爆破界面质量观测检查表

承包人：   编号：

工程项目		分部分项工程	
起止桩号		高程	
检查项目	检查标准		检查情况
不平整度	相邻两炮孔≤15 cm		
钻孔偏差（左右）	＜孔距的1/2		
单孔痕率	节理裂隙不发育:80%以上		
	节理裂隙较发育:50%～80%		
	节理裂隙极发育:10%～50%		
爆破裂隙	不应有明显的爆破裂隙		
轮廓线测量	符合设计要求,允许偏差:超挖≤50 cm,欠挖≤30 cm		

承包人检查意见：

初检：   年 月 日 复检：   年 月 日 终检：   年 月 日

质量检查意见：

监理部：   年   月   日

第十节 帷幕灌浆工程监理作业规程

1 总 则

1.1 基岩帷幕灌浆属隐蔽工程,为有效控制××水电站帷幕灌浆施工质量、进度,保证监理工作顺利开展,特制定本规程。

1.2 本规程编制依据:

(1)《××水电站帷幕灌浆施工技术要求》及有关设计图纸、文件;

(2)《水工建筑物水泥灌浆施工技术规范》(SL 62—94);

(3)《××水电站建设监理承包合同》。

1.3 本规程适用于××水电站帷幕灌浆施工监理项目。

2 监理方式、程序和要点

2.1 帷幕灌浆施工,监理部审查施工单位质量保证体系,审批施工组织设计、施工措施,对原材料及配比进行审核,签发分项工程开工证。监理人员采取现场值班,对灌浆施工作业进行现场巡视,对一般工序平行检验、抽查,重要工序旁站等方式,对施工全过程实行跟踪监控。

2.2 项目工程师和监理工程师,须将当日施工情况,做好质量记录,记好监理日志,填报有关的施工表格。其内容包括巡视检查时间、工作部位、作业工序、施工进度、资源投入情况、完成工程量、存在问题、解决方法等。并根据现场施工情况,拟定有关施工文件,签发现场工作联系单。

2.3 在监理过程中,监理视现场施工的需要,可及时通报业主,组织或主持召开由业主、设计、施工等单位参加的现场工作会或灌浆专题会,商议解决施工中存在的问题以及进行施工技术总结。

2.4 监理有权对达不到质量标准的材料、设备、工序拒绝签证,可以按质量标准和技术要求,指令施工单位更换或返工,未经监理签字认可,不能进入下一道工序施工,不得拨付工程款,不能进行竣工验收。

2.5 帷幕灌浆施工质检体系,其核心是施工单位必须坚持执行初检、复检、终检的"三级"质量检查制度以及真实、详尽的施工记录。在施工过程中,发现有工程质量问题或质量隐患,监理工程师可直接通知质检人员或当事人纠正,质检人员或当事人应向监理提供有关资料。监理单位可视质检人员工作情况,向施工单位提议调换不合格质检人员。

2.6 帷幕灌浆施工中,监理应控制的关键环节有以下内容:

(1)施工人员技能、素质,设备配置、投入和完好率、利用率情况;

(2)造孔施工中,孔位、孔径、孔深、孔斜及岩芯获取情况;

(3)灌浆孔及裂隙冲洗方法、压力、时间;

(4)浆材细度、外加剂配比、拌制时间、浆液比重、温度;

(5)灌浆压力、注入率、抬动观测变化、浆液变换和结束标准;

　　　　（6）封孔方法及效果；

　　　　（7）各工序原始资料的完整、真实、准确、及时性；

　　　　（8）施工单位"三检"质保工作落实和人员到位情况。

2.7　帷幕灌浆施工监理旁站作业项目：

　　　　（1）孔斜及终孔孔深检测、验收。

　　　　（2）地质条件复杂部位施工及异常情况处理。

　　　　（3）终孔段压水试验、灌后质量检查孔造孔和压水检查。

3　施工准备阶段的监理工作内容

3.1　认真熟悉施工图纸、技术要求、工艺规范、设计文件及相关施工文件，校核工程量，并编录单元资料档案，建立施工流水台账。

3.2　收集并掌握施灌范围的地质情况，周边施工状况，理解设计意图，熟悉灌浆试验成果及其对照施工部位的条件特征异同，预测灌浆中可能出现的情况。

3.3　明确监理工作各阶段职责、任务、工作程序、内容、工作依据，熟悉施工、监理合同，明确参建各方权利和义务。

3.4　组织设计单位和施工单位进行技术交底，对施工组织措施计划进行审核批准。

3.5　督促施工单位人员、设备及时到位，进行设备率定、材料检测，审查率定证明和检测报告，并到现场对设备型号、材料品牌、批次、生产期等进行核实。

3.6　检查施工部位孔位放样、标记是否正确，控制点成果有无测量监理签证，控制点保护和标记是否妥当。

3.7　检查灌浆工作面及制浆系统，施工所用风、水、电设备管路、线路等布置是否合理，准备工作是否到位，检查周边施工条件是否适应施工，并进行灌前综合验收。

3.8　签发帷幕灌浆单元施工开工证。

3.9　开工申请资料有以下内容：

　　　　（1）帷幕灌浆施工组织措施；

　　　　（2）帷幕灌浆施工平面布孔图和控制点签证单；

　　　　（3）灌浆自动记录仪率定报告；

　　　　（4）压力容器检测报告；

　　　　（5）水泥细度检测报告；

　　　　（6）外加剂检测报告；

　　　　（7）灌前综合验收申请。

3.10　帷幕灌浆工作应实行挂牌作业，其内容为：施工单位、项目负责人、"三检"名单、施工部位、工程量、施工工期等，监理应督促实施。

4　施工过程监理工作内容

4.1　原材料、浆液质量控制

　　　　（1）监理应对用于灌浆施工的水泥进行抽查，并要求施工单位按施工规范规定的量（10 t）或按期（15 d）对水泥化学成分、细度、烧失量、出厂日期等内容进行质量检验，并提交检验报告,未经监理审批的水泥不得用于帷幕灌浆施工。

（2）所用水泥不得超过出厂期 40 d,同一灌浆段不能使用不同品种、不同厂家的水泥。

（3）用于灌浆的 UNF-5 型减水剂,应按 0.7% 或掺量试验成果,在湿磨前以分掺法用水溶解进行掺入。

（4）湿磨水泥浆液须按部位（单元）或按量（10 t）进行一次细度检测,并报监理工程师审核,监理工程师对湿磨水泥浆液进行抽查,湿磨水泥浆液经 3 遍或 3 遍以上湿磨,粒径应满足 $d_{50} \leqslant 10 \mu m$、$d_{97} \leqslant 40 \mu m$ 的细度要求。

（5）湿磨水泥浆液搅拌时间不少于 30 s,搅拌机转速应大于 1 200 r/min,并要求自拌制起 2 h 内使用完毕,温度应保持在 5~40 ℃,超过标准,应予舍弃。

（6）浆液比重采取比重计或比重秤进行现场测定,现场备用比重计应不少于 10 支,监理工程师应随机对浆液比重进行抽查,特别是回浆水灰比的测定工作。

4.2　制浆、灌浆设备质量控制

（1）用于灌浆的设备、仪器,应具有良好的稳定性和连续工作性能,能满足施工需要,并按规定进行保养、检修,保证完好率在 80% 以上。

（2）灌浆自动记录仪定期率定校准,其记录精度要求达到:流量计在 0 ~100 L/min 范围,精度满足 ±1%;压力计在 0 ~10 MPa 范围,精度满足 ±1.5%。

（3）湿磨机连续使用半月或累计工作 30 h 后,应调试、检修一次。

（4）所有设备检修、率定均报送监理工程师审核,并有现场设备运行、检修记录。

（5）现场要有足够的压力表等器具,严禁使用自制或未经检测的压力设备施工。

（6）制浆材料必须称量。水泥等固相材料宜采用重量秤法称量,称量误差不应大于 5%。

4.3　施工工序质量控制

4.3.1　一般要求

（1）帷幕灌浆采用自上而下、孔口封闭、分段大循环灌注方法进行施工。

（2）帷幕灌浆施工孔、质检孔冲洗、压水试验、灌浆、封孔,除采用自动记录仪记录外,还应严格按时进行人工量测和记录,以便进行对比,并以人工记录为计算依据。

（3）帷幕灌浆施工压力表应分别安装在灌浆泵进浆管、回浆孔口管等部位,实行有效监控。

（4）在抬动观测装置 10 m 范围内,进行灌浆孔冲洗、压水、灌浆作业时,除进行灌浆记录外,还应派专人进行变形观测、记录（10 min/次）。帷幕灌浆抬动变形最大允许值为 200 μm,当接近最大允许值或变形值突增时应采取降压措施,并通报监理工程师。

对变形值大于 100 μm 的孔段,在灌浆结束后应进行回归观测,观测时间为 5 min、10 min、20 min、30 min 连续测读 4 次。

（5）变形观测仪器在不使用时,应妥善保护,并保证千分表安装、测试精度。

（6）对无地下水位资料部位,每个单元在灌浆前,利用先导孔测定地下水位,作为该单元内代表,稳定标准为:每 5 min 测读一次孔内水位,以最后的观测值作为地下水位值。

（7）帷幕灌浆作业程序:抬动观测孔→物探孔→先导孔→Ⅰ序孔→Ⅱ序孔→Ⅲ序

孔→质量检查孔。

（8）单孔施工程序：钻机就位调平→第 1 段钻孔、冲洗、压水、灌浆→孔口管埋设→待凝 3～5 d→依次进行下一段钻孔、测斜（10 m/次）、冲洗、压水、灌浆等工序→封孔。

4.3.2　钻孔、冲洗、压水、灌浆、封孔

（1）帷幕灌浆钻孔施工原则是逐序加密，即先下游排、后上游排，先两边、后中间，同排间或后序排Ⅰ序孔与最后次序孔间岩石钻灌间隔高差不小于 15 m。

（2）监理对钻孔孔位，要进行逐孔检查，孔位偏差要求小于 10 cm（经监理、设计签证同意除外）。孔壁应平直完整，垂直或顶角小于 5°的帷幕孔，其孔底偏差符合表 3-17 规定。

表 3-17　钻孔孔底最大允许偏差值

孔深（m）	20	30	40	50	60
最大允许偏差值（m）	0.25	0.5	0.8	1.15	1.5

（3）灌浆孔段长划分：第 1 段（接触段）2 m，第 2 段 1 m，第 3 段 2 m，第 4 段及其以下各段 5 m，终孔段不超过 8 m、10 m。

（4）监理对孔深按段应进行不少于总数 80%的抽查。孔斜和终孔段孔深检测，必须报监理工程师进行旁站测定，并做好签证和详细记录。

（5）钻进结束待灌浆或灌浆结束待钻进的孔口均应加盖保护。对钻机地锚稳固，钻机转速、压力使用，孔口管埋设等，监理工程师现场应随时检查，如有问题通知施工单位及时改正。

（6）终孔段压水超标、地质缺陷需加深或补孔，监理应及时通报并会同设计人员，到现场商议解决。

（7）需进行取芯的先导孔、物探孔、质检孔，应按规定造孔、取芯、装箱、编号、计算、描述、摄影，及时通知监理会同设计人员对芯样进行验收，并提出处置意见。

（8）造孔过程中发现各种异常情况，应详细记录在原始表和综合成果表中，以便分析灌浆基本资料，并通报监理核实。

（9）每段钻孔完成后，用不大于灌浆压力 80%，也不大于 1 MPa 的压力水进行钻孔、裂隙（接触段）冲洗，至回水清净后 10 min 为止，总冲洗时间不少于 30 min；裂隙（接触段）采用压力水脉动式冲洗。

（10）当邻近灌浆孔正在灌浆作业或待凝不足 24 h 时，不得进行冲洗作业。

（11）一般灌浆孔各灌浆段采用简易压水法（单点法），先导孔、质检孔采用单点法压水试验，特殊部位采用五点法压水试验，压水试验成果以透水率 q 表示，单位为吕容（Lu），计算公式为：

$$q(\mathrm{Lu}) = \frac{Q(\mathrm{L/min})}{P(\mathrm{MPa})L(\mathrm{m})}$$

压力 P 应计算作用于试段内的全压力（MPa），五点法压水试验成果计算，以压水试

验三级中最大压力值(P)及其相应注入量(Q)代入上述公式计算,并需注意如下几点:①简易压水,在稳定压力下,压水 20 min,每 5 min 测读一次压入流量,取最终值作为岩体透水率 q 值的计算值;②单点法及五点法压水,在稳定压力下,每 5 min 测流量一次,连续 4 次读数的最大值与最小值之差小于最终值的 10% 或最大值与最小值之差小于 1.0 L/min 即可结束,取最终值计算岩体透水率 q;③压水试验透水率 q 的计算,还需考虑先导孔所测稳定地下水位情况。

(12)冲孔、压水、灌浆压力均以孔口回浆管压力表峰值为准。使用自动记录仪的时段平均压力读数,应按压力表读数峰值的 90% 控制,并派专人观察、控制孔口压力。

(13)帷幕灌浆孔内循环灌注,其射浆距孔底不得大于 50 cm,在灌浆过程中应经常转动和上下活动射浆管。

(14)灌浆过程中,应注意观察,当有异常现象发生时,应通报监理,查明原因,及时处理,并详细记录于灌浆报表和施工记录中。

(15)帷幕灌浆水灰比采用 3:1、2:1、1:1、0.8:1、0.6:1(0.5:1)五个比级,3:1 开灌。浆液浓度应由稀到浓,逐级变换。浆液变换原则为:当某一比级的浆液注入量已达 300 L 以上或灌浆时间达 1 h,而灌浆压力和注入率均无改变或改变不明显时,应改浓一级;当注入率大于 30 L/min 时,可根据工程具体情况确定。

(16)监理工程师对灌浆原始记录和浆液比重应随时进行检查,灌浆过程中,施工单位应每隔 15~30 min 测记一次浆液比重。

(17)施工单位应根据设计标准,对所施工的孔、段压力,换算并制成表格,放置作业现场,监理工程师对灌浆压力要进行巡视、抽检。

(18)帷幕灌浆在同时满足下述规定时,可结束灌浆作业。①在设计压力下,灌浆孔第 1~3 段注入率 <0.4 L/min,第 4 段及其以下各段注入率 <1 L/min 时,保持压力不变,采取孔内循环的灌浆方式(大循环),延续 90 min 后结束,但灌注的最后 10 min,应计读吸浆量两次。②灌浆全过程中,在设计压力下灌浆时间不少于 120 min。

(19)全孔灌浆结束,施工单位质检人员必须到位,经监理工程师验收签证,符合要求后方能进行封孔。

(20)封孔采用"置换和压力封孔法",0.5:1 的普通新鲜浆液,压力采用相应孔灌浆最大压力,封孔时间不少于 1 h。封孔待凝后的孔,应清除上部污水、浮浆等,空余段大于 3 m 者采用机械压浆法进行第 2 次封孔;空余段小于 3 m 者,采用人工封孔。

(21)灌浆因故中断,应及时冲洗钻孔或扫孔,恢复灌浆,并根据情况采取原比级或变更比级灌注,或采取补救措施处理,并通知现场监理工程师签证。

(22)对灌浆单耗大于 100 kg/m 的孔段,应检查外漏情况,灌浆难以结束时,可采用低压、浓浆、限流、间歇灌浆等方法处理,经处理后仍应扫孔,重新按技术要求进行灌浆直至结束。

(23)对涌水孔段应进行涌水压力和涌水量测定,灌浆结束后,应进行屏浆、闭浆、待凝(时间视涌水量和压力定),后重新扫孔,观察涌水情况,无涌水可直接进行下段钻灌,有涌水则须处理符合要求后再进行下道工序。

5 资料提交、整理、分析及复核

5.1 施工单位应配置专人,向监理报送经"三检"校对、审核过的有关帷幕灌浆施工原始记录、成果资料、质量报告、联系单、施工文件等中间资料和单元工程签证资料,以及监理根据业主、设计要求所需的其他工程有关资料。

5.2 单元工程施工资料分两批提供:

(1)第一批为先导孔柱状图、压水与灌浆综合成果表、物探资料、孔斜数据表及投影图、浆材细度检测等资料;

(2)第二批为检查孔岩芯素描、压水试验及补孔钻灌综合成果表等资料。

5.3 施工单位对每天当班原始资料应及时收集整理、分析,并向监理提交日、周、月报表,工程竣工后及时向监理提交竣工资料。

5.4 监理工程师对灌浆施工资料应及时对其真实性、准确性、是否齐全进行分析、评审,并按标准填制"资料审查表"提出问题,反馈施工单位进行重新整理或核实。

5.5 对满足设计要求、质量达到标准的资料,监理工程师应及时整理、总结、验收,并移交下道工序,将重要数据输入微机备查或上网发送。

6 质量检查和单元工程质量评定

6.1 帷幕灌浆质量检查

(1)灌后质检孔由监理工程师根据灌浆施工综合成果资料,按不少于灌浆总孔数10%进行布置,并以文字形式通知施工单位。施工单位在钻孔时须通报监理,压水时监理人员必须现场旁站,无正当理由不得提前或推迟施工。

(2)灌后质检孔布置在下述部位:帷幕中心线上断层、裂隙密集、岩石破碎等地质条件复杂部位;注入量大的孔段附近;钻孔偏斜大、灌浆情况不正常,以及经分析资料认为帷幕灌浆质量有疑问的部位。

(3)灌后质检孔压水试验应在该部位灌浆结束 14 d 后,由监理旁站进行单点法压水试验,试验结束后,应按技术要求进行灌浆和封孔。

(4)帷幕灌浆孔封孔质量由监理工程师按部位进行水泥结石密实和凝固情况抽样检查。

(5)质量检查孔采取的岩芯,按设计要求放置、编号、编录、计算、描述,并经监理、设计人员验收。

(6)质检孔检查分为"合格"和"处理后合格"两级。"处理后合格"指质检孔检查不合格,但按监理工程师指示经处理后合格的单元。

6.2 帷幕灌浆质量评定

(1)以灌后质检孔为主,结合对竣工资料和测试成果分析,经施工单位依据质量检查评定标准进行"三级"质检自评后,报监理单位,由监理项目工程师进行最终综合审查评定。

(2)单孔质量评定是单元中所有灌浆孔均按检查项目和质量、标准进行评定,分"合格灌浆孔"、"优良灌浆孔",并由监理工程师审批。

（3）单元质量评定：凡灌浆质检孔检查为合格，单元内灌浆孔全部合格，其中优良灌浆孔占70%以上，应评为优良；优良灌浆孔不足70%，评为合格；凡灌浆质检孔压水检查为处理后合格，单元内灌浆孔全部合格，评为合格。

7　单元工程验收及总结

7.1　监理工程师验收施工资料程序，应首先在逐孔、逐工序评定单孔质量的基础上，审查施工报告，评定单元质量等级。

7.2　施工单位报送竣工验收资料，应符合验收暂行规定的要求。

7.3　工作面验收包括监理工程师指定需进行保护的各项工作和在施工过程中及竣工验收前必须做好的各项清理工作。

7.4　单元工程验收签证由施工单位提交验收申请，经监理工程师详细检查和审查，确认工程质量符合设计要求后签字验收。否则，应按监理工程师审查意见，处理完毕，并经检查合格后，再予验收。

7.5　监理工程师对已终检、验收单元应及时编写监理总结报告，并做好归档前各项工作。

8　其　他

8.1　监理工程师按单元施工、验收情况，根据施工单位申报完成工程量，按《××水电站土建工程合同文件》进行审核，并通报监理部进行结算。

8.2　帷幕灌浆原始记录中孔斜检测、孔深检测、先导孔及质检孔压水和施工变更签证单，均需及时报现场当班监理工程师签字认证，才能作为计量依据，非特殊原因，监理工程师不予补签。

8.3　监理人员应详细填写所分管部位的作业情况工作日志，值班监理应将现场施工情况向分管领导通报，并按要求填制有关报表，有关信息及时交内业人员上网发布。

8.4　双流量计大循环二参数灌浆自动记录系统安装见图3-4。

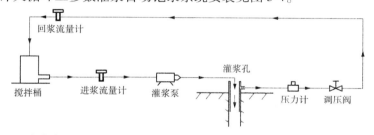

图3-4　双流量计大循环二参数灌浆自动记录系统安装示意图

8.5　帷幕灌浆施工记录表格：

（1）帷幕灌浆前综合验收签证书（见表3-18）；

（2）帷幕灌浆开工证（见表3-19）；

（3）帷幕灌浆钻孔压水试验记录表（见表3-20）；

（4）帷幕灌浆记录表（见表3-21）；

（5）帷幕灌浆千分表抬动观察记录表（见表3-22）；

（6）帷幕灌浆孔成果一览表（见表 3-23）；

（7）帷幕灌浆成果分序统计表（见表 3-24）；

（8）帷幕灌浆钻孔综合地层柱状图（见表 3-25）；

（9）帷幕灌浆钻孔工序表（见表 3-26）；

（10）帷幕灌浆封孔记录表（见表 3-27）；

（11）帷幕灌浆现场单孔验收表（见表 3-28）；

（12）帷幕灌浆单元工程质量评定表（见表 3-29）。

表 3-18　帷幕灌浆前综合验收签证书

施工单位：　　　　　　　　　合同名称：　　　　　　　　　编号：

标段工程		分部工程	
分项工程		起止桩号	
单元工程		工程量（m）	
施工依据			
工序名称		高程（m）	
施工情况：			
验收情况：			
施工单位：	质检单位：		监理单位：

表 3-19　帷幕灌浆开工证

施工单位：　　　　　　　　合同名称：　　　　　　　　编号：

标段工程		分部工程	
分项工程		起止桩号（高程）	
单元工程		预计工程量（m）	
施工依据			
预计灌浆日期		灌浆日期	
检查内容			
检查意见	初检：　　　　　　　　　　签名：		
	复检：　　　　　　　　　　签名：		
	终检：　　　　　　　　　　签名：		
监理意见： 签名：			
附件：			

表 3-20　帷幕灌浆钻孔压水试验记录表

工程项目：　　　　施工部位：　　　　实测孔深：　　m

钻孔号：　　　　试段号：　　　　孔深：　　m　　孔深：　　m

钻孔及阻塞器安装		压水试验								计算
		压水时间		时段 (min)	盛水器读数			漏水率 (L/min)	压力表读数 (MPa)	
		开始 (h:m)	终止 (h:m)		起始 (L)	终止 (L)	读数差 (L)			稳定流量：
孔口标高	m									$Q = $ _____ L/min
孔深	m									全压水头：
孔径	mm									$P_0 = 100P + h_1 + h_2$
覆盖层厚	m									$= $ _____ m
地下水位孔深 (h_3)	m									单位流量：
钻孔顶角	(°)									$Q_0 = Q/P_0$
阻塞深度 (h_2)	m									$= $ _____ L/(min·m)
试段顶标高	m									试段长：
试段底标高	m									$L = $ _____ m
试段长 (L)	m									透水率 $q = (Q_0/L) \times 100$
胶塞长	m									$= $ _____ Lu
胶塞压缩长										
内管根数	根									
内管总长	m									
外管总长	m									
外管外露	m									
压力表距地面 (h_1)	m									
翻浆管距孔底	m									

机长：　　　　班长：　　　　检验记录员：　　　　质检员：　　　　日期：　　年　　月　　日

表 3-21　帷幕灌浆记录表

外加剂名称_____

工程名称_____　部位_____　段　号_____　阻塞标高_____m　试段底标高_____m　配比_____

工程项目_____　孔号_____　地面标高_____　试段顶标高_____m　灌段长度_____m　浓度_____

作业时间				工作内容	灌浆压力			水灰比（重量比）	配合量			浆液比重	供浆桶标尺读数			吸浆率（L/min）	弃浆损耗（L）	总耗水泥量（kg）
开始	终止	纯灌（min）	其他（min）		压力表读数（MPa）	压力表至水位高度（m）	全压水柱（m）		水（kg）	灰（kg）	浆（L）		开始（L）	终止（L）	读数差（L）			
时　分	时　分																	

机长：　　　　　班长：　　　　　记录员：　　　　　质检员：　　　　　日期：　　　年　月　日

表 3-22　帷幕灌浆千分表抬动观察记录表

观测孔 { 位置：孔号：孔深：　　　　　　　　　　　　　　　试验孔 { 位置：孔号：

工作时间：　　年　月　日　　　　　　　　第　页　共　页　　　　　　孔段：

时间			试验孔压力(MPa)		编号	千分表(μm)				备注
开始时间	终止时间	经过(min)	进	回		开始读数	终止读数	读数差	抬动数	

机长：　　　　　　班长：　　　　　　记录员：　　　　　　日期：　　年　月　日

表3-23　帷幕灌浆孔成果一览表

合同项目名称：　　　分部工程：　　　孔号：　　　分项工程：　　　孔位：　　　开、竣工日期：　　　起止桩号：　　　单元工程　　　编号：

施工单位：　　　标段工程　　　工程量

段次	灌浆孔段(m) 自	至	段长	段底高程	孔径(mm)	岩芯采取率(%)	岩性简述	压水试验 流量(L/min)	压力(MPa)	透水率(Lu)	水灰比	注入率(L/min) 开始	终止	水泥量(kg) 注入量	弃浆量	合计	单位注入量(kg/m)	灌浆压力(MPa)	施工依据	施工次序	灌浆时间 开始 月:日 时:分	终止 时:分	纯灌 时:分	备注

技术负责人：　　　校核：　　　资料管理员：

表 3-24　帷幕灌浆成果分序统计表

工程部位：　　　　　高程：　　　　　施工时段：　　　　　m

坝段	孔序	孔数	钻孔深度(m)			灌浆总长度(m)	灌浆总段数	总注灰(kg)	单耗(kg/m)	透水率区间段数和平均值(Lu)									单位注入量(kg/m)区间段数						备注
			混凝土	基岩	总孔深					总段数	<1	1~3	3~5	5~10	10~50	>50	平均值	总段数	<1	1~10	10~50	50~100	100~500	>500	

技术负责人：　　　　　校核：　　　　　资料管理员：

表 3-25　帷幕灌浆钻孔综合地层柱状图

钻孔编号：

工程名称		地面高程		m	钻孔角度及方向				
工程项目		钻孔深度		m	开、终孔日期			年　月　日	
钻孔位置		平均岩芯获得率		%	地下水位高程				

岩石代号	风化程度	岩芯获得率（%）	柱状剖面及钻孔结构比例	孔深（m）	厚度（m）	高程（m）	岩芯描述及钻进情况	岩芯编号	透水率（Lu）

钻探单位：　　　　　　机组号：　　　　　　制图：　　　　　　校核：

表 3-26　帷幕灌浆钻孔工序表

施工单位：　　　　　　合同项目名称：　　　　　　编号：

标段工程			分部工程		
分项工程			起止桩号（高程）		
单元工程			工程量（m）		
施工依据					
钻孔说明	孔径		mm	孔位偏差		m	总孔深		m
	孔口高程		m	混凝土厚		m	孔底残余		m
	孔斜度		°	岩石厚		m	灌浆性质		
	孔号			孔段			结束：	年　月　日	
交接情况	实测孔深			测斜记录			备注：		
	交孔人								
	初检人								
	复检人								

终检人：　　　　　　　　　　　　　　监理（抽查）：

表 3-27　帷幕灌浆封孔记录表

施工单位：　　　　合同项目名称：　　　　编号：

| 标段工程 | | 分部工程 | | 分项工程 | | 单元工程 | |
| 起止桩号(高程) | | 施工依据 | | | | 孔号 | |

排序	孔深(m)	封孔方法	封孔时间(h:min)			水灰比		槽内浆量	槽内浆量高度变化(m)		间隔时间注入量(L)	封孔压力(MPa)	水泥标号	浆液比值	备注
			自	至	合计	水	灰	开始	终止	下降					

值班技术人员：　　　　机长：　　　　班长：　　　　记录员：

表 3-28　帷幕灌浆现场单孔验收表

施工单位：

工程项目：	施工部位：	单元编号：
孔号：	开孔批准、终检签名：	监理签名：
混凝土厚度：	孔口管镶铸日期：	验收人：　复检：　终检：
孔口高程：	开孔日期：	终孔日期：

灌浆段次	孔深(m)	孔斜偏差(mm)	段长(m)	钻孔签证		灌浆压力(MPa)	灌浆		承建单位签证			监理抽检	备注
				初检	复检		浆液变换	结束标准	初检	复检	终检		
1													
2													
3													
4													
5													
6													
7													
8													

类别签名	复检	终检	监理
终孔孔深：	m		
孔斜偏差：	mm		
封孔			

终孔验收：
施工单位	
质安部	
监理	

注：①此表为钻灌过程的原始资料，由复检管理，工程完工后随原始报表上报质安科保存，复印件报质安部、监理部；
②灌浆开始、灌浆结束按"规范"、"技术要求"有关项目检验，满足要求或达到标准后，经初检、复检签名，复检签名后方可进行下道工序实施；
③灌浆压力、浆液变换、结束标准满足标准者以"√"表示。

表 3-29 唯幕灌浆单元工程质量评定表

工程承建单位：　　　　　　合同项目名称：　　　　　　　　编号：

单位工程名称或编码			分部工程名称或编码	
单元工程名称或编码			施工试段	

序号	检查项目		各孔质量情况
1	钻孔	孔位偏差	
2		△孔深偏差	
3		偏斜率（深孔及辅助唯幕孔）＜15%	
4		灌浆段长	
5		钻孔冲洗及压水试验	
6	灌浆	△使用压力	
7		△浆液及浆液变换标准	
8		△结束标准	
9		封孔	
10		灌浆中断影响程度	
11		△灌浆记录	
	各孔质量评定		

本单元工程内共有　　　孔，其中优良　　　孔，优良率　　　%。

承建单位质量评定等级	认证等级
质 检 员： 质检部门： 质检负责人： 日 期： 年 月 日	工程监理认证： 日期： 年 月 日

说明：①有△标记的为主要检查、检测项目；②质量检查标记符号：符合√、基本符合J；③各孔质量评定标记：合格√、优良○；一式四份报申报单位两份，作分部、单位工程验收资料备查。

第十一节　水泥灌浆工程监理实施细则

1　总　　则

1.1　本细则适用于以下部位水泥灌浆施工,其他附属工程项目可参照执行:

(1)闸坝基础固结灌浆、辅助帷幕灌浆;

(2)左、右挡水坝基础固结、帷幕灌浆;

(3)左、右岸山体内帷幕灌浆;

(4)厂房区基础固结灌浆;

(5)引水洞系统固结灌浆。

1.2　编制依据

(1)设计图纸、技术要求等有关文件资料。

(2)《××水电站工程招标文件》。

(3)公司颁布的有关质量管理文件。

(4)国家及部颁有关规程规范:《水工建筑物水泥灌浆施工技术规范》(SL 62—94),《水利水电基本建设工程单元工程质量等级评定标准(一)》(SDJ 249—88),《水利水电工程施工质量评定规程(试行)》(SL 176—1996),《硅酸盐水泥、普通硅酸盐水泥》(GB 175—92),《水工混凝土外加剂技术标准》(SD 108—83)。

1.3　本细则着重于水泥灌浆工程施工阶段的质量控制,包括施工准备、施工过程、灌浆后的质量检查以及施工缺陷处理等。

1.4　水泥灌浆单元工程划分按水电站工程建设监理部颁发的《××水电站工程项目划分》有关规定统一编目。

2　灌浆材料质量控制

2.1　用于灌浆工程的水泥、外加剂、掺合料等都应是报经监理单位批准的合格材料。所有材料的出厂(或生产)指标及检验资料必须报送监理单位审查。材料和所有需要的浆材在使用前及使用过程中必须进行的周期性控制试验,由施工承包单位完成。

2.2　水泥

灌浆水泥一般采用普通硅酸盐或硅酸盐大坝水泥。用于帷幕灌浆的水泥标号不得低于 42.5R,用于固结灌浆的水泥标号不得低于 32.5R,用于回填灌浆的水泥标号不得低于 32.5R,用于接缝灌浆的水泥标号不得低于 42.5R。水泥细度要求通过 80 μm 方孔筛的筛余量不超过 5%,性能应满足 GB 175—92 标准的有关要求。当墙(坝)体接缝张开度小于 0.5 mm 时,对水泥细度的要求为通过 71 μm 方孔筛的筛余量不宜大于 2%。

灌浆使用的水泥必须保持新鲜(距出厂日期不超过 40 d),现场宜设置灌浆水泥专用库,受潮结块的水泥不得使用。水泥使用前应进行质量检测,不符合质量标准的,严禁使用。

2.3　掺合料

根据灌浆需要,施工承包单位通过试验论证,并在得到监理单位批准后,可采用下列掺合料,其质量应满足《水工建筑物水泥灌浆施工技术规范》(SL 62—94)的要求:

(1)砂:应为质地坚硬的天然砂或人工砂,粒径不大于 2.5 mm,细度模数不大于 2.0,SO_3 含量不大于 1%,含泥量及有机物含量均不大于 3%。

(2)黏性土:塑性指数大于 14,黏粒(粒径小于 0.005 mm)含量大于 25%,含砂量小于 5%,有机物含量小于 3%。

(3)粉煤灰:应为精选的 I 级优质灰,要求颗粒径与同时使用的水泥颗粒径相当,烧失量小于 8%,SO_3 含量小于 3%。

2.4　外加剂

根据灌浆需要,可在水泥浆中加入下列外加剂,其最优掺量应通过试验确定,并报监理单位批准:

(1)速凝剂:水玻璃、氯化钙、三乙醇胺等。

(2)减水剂:萘系高效减水剂、木质素磺酸盐类减水剂。

(3)稳定剂:膨润土及其他高塑性黏土等。

所有外加剂凡能溶于水者均应以水溶液状态加入。

3　施工准备阶段质量控制

3.1　灌浆试验

(1)施工承包单位应在灌浆工程实施的 28 d 以前,根据设计文件和施工招标合同文件及《水工建筑物水泥灌浆施工技术规范》(SL 62—94)要求,选择与实施灌浆工程项目岩层以及施工条件相似的地区或部位作验证性灌浆试验。灌浆试验地区或部位、试验大纲均应事先报监理单位审查批准。

(2)灌浆试验结束后,施工承包单位应及时整理试验成果报告,报送监理单位审批。报告应包括如下内容:①试验部位地质描述;②施工工序、工艺和设备(包括规格、型号、数量、台时生产率、使用说明书等);③浆材的可灌性、浆液配比及开灌比;④根据各类岩性、地质构造及渗透性等所确定的随孔深而增加的灌浆压力等有关参数建议。

3.2　施工措施审查

3.2.1　施工承包单位应在灌浆作业开工的 21 d 以前,根据灌浆试验成果和监理单位的审批意见,结合现场施工条件,编制灌浆工程施工措施计划报送监理单位审批。其内容应包括:

(1)工程概况(包括灌浆工程施工布置、工程部位、钻孔分序与编号等);

(2)灌浆工序、工艺和压力;

(3)灌浆材料及其品质;

(4)施工进度计划;

(5)机械设备配置与劳动力组织;

(6)质保体系及质量控制措施;

(7)灌浆计量设备与灌入量控制方法;

　　(8)施工安全与环境保护措施;

　　(9)作业原始记录资料收集与整理(附表格)。

3.2.2　施工承包单位必须按合同、投标书要求组织施工设备进场。运至施工现场用于灌浆作业的各种机械设备、仪器仪表、计量观测装置和其他辅助设备,必须经过检查、率定、安装调试,并经监理单位认证合格,方可使用。

3.3　质量保证体系审查

　　(1)施工承包单位应建立健全质量保证体系、推广质量管理,加强三级质检制度,各级质检机构应配备专职质检人员。

　　(2)施工承包单位应建立现场试验室,配备专职试验人员和合格的仪器设备,做好各种灌浆材料的检测和浆材配比的试验工作。

　　(3)对从事灌浆施工的人员应进行技术培训,考核不合格者不得上岗。

　　(4)施工承包单位应制定安全操作规程和劳动保护措施,文明施工;在廊道和洞井作业应有良好的通风措施。

4　施工过程质量控制

4.1　制浆和灌浆设备

4.1.1　制浆

　　(1)制浆材料必须称量,称量误差应小于5%,水泥等固相材料宜采用重量称量法。

　　(2)各类浆液必须搅拌均匀并测定浆液密度。普通纯水泥浆液使用普通搅拌机,搅拌时间不少于 3 min;湿磨细水泥浆液使用高速搅拌机,其搅拌机转速应大于 1 200 r/min,搅拌时间不少于 30 s。

　　(3)浆液使用前应过筛,自制备到用完时间:普通纯水泥浆液应小于 4 h,湿磨细水泥浆液应小于 2 h,超过规定时间者应予舍弃。

　　(4)制备湿磨细水泥浆液时,须经过 3 次以上的湿磨,经细度检测达到设计细度要求后,方可用于灌浆作业。

　　(5)集中制浆站宜制备 0.5∶1 的普通纯水泥浆,各灌浆地点应测定来浆密度,根据需要调制使用。

　　(6)寒冷季节施工应做好机房和灌浆管路的防寒保暖工作。炎热季节施工应采取防热和防晒措施。浆液温度应保持在 5 ~ 40 ℃。

4.1.2　灌浆设备

　　(1)灌浆应根据需要配备高速搅拌机、湿磨机、普通搅拌机、灌浆泵、自动记录仪、压力表、灌浆管路、孔口封闭器、孔内阻塞器、比重秤等设备与器材。

　　(2)浆液搅拌机的搅拌能力应与灌浆泵的排浆量相适应,并能保证均匀、连续地拌制浆液。

　　(3)自动记录仪应选用经有关部门鉴定和率定,能测记灌浆压力、注入率等参数的双流计的大循环"三参数"自动记录仪系统。在使用前及使用过程中应定期检测,以保证记录成果的真实性、准确性。同时进行人工记录,以资校核。

　　(4)灌浆泵应采用双缸或多缸活塞灌浆泵,容许工作压力应大于最大灌浆压力的 1.5

倍,其压力摆动范围不大于灌浆压力的20%,并应有足够的排浆量和稳定的工作性能。

(5)水泥湿磨机应有足够的制浆量和稳定的工作性能,并配有细度检测设备。

(6)灌浆管路应采用钢丝编织胶管,能承受1.5倍的最大灌浆压力,并应保证浆液流动畅通。

(7)高压灌浆孔口封闭器应具有密封性能,并能使射浆管灵活转动。

(8)压力表应与各工序作业使用的压力相适应,使用压力宜在压力表最大标值的1/4~3/4。压力表应经常检查其灵敏度,并定期进行标定,不合格的和已损坏的压力表严禁使用。

(9)灌浆泵和进、回浆管均应安设压力表。

(10)所有灌浆设备应注意维护保养,保证其正常工作状态,并应有备用量。

4.2　基础岩石灌浆

4.2.1　一般规定

(1)同一地段的基岩灌浆,必须按先固结后帷幕的顺序进行。

(2)帷幕灌浆必须同时具备下述条件才能进行施工:①一般部位上部结构混凝土浇筑厚度达30 m以上;上部结构混凝土厚度不足30 m的部位,须待混凝土浇筑达到完建高程和设计强度;②混凝土压浆板或防渗墙部位应待混凝土浇筑完毕并达设计强度;③必须完成灌浆区、段邻近30 m范围内的地下洞室、勘探平洞、大口径勘探孔的混凝土衬砌、回填灌浆、围岩固结灌浆、喷锚支护、清理及混凝土回填等作业;④设有物探测试孔的部位,必须完成灌前测试工作;⑤抬动变形观测装置安装完毕且能进行正常测试工作;⑥必须对已埋的各种内、外部监测仪器、电缆、孔、管等设施妥善保护。

(3)基岩固结灌浆仍以常规有混凝土盖重灌浆方式为主,对同时具备采取无混凝土盖重和有混凝土盖重方式施工条件的部位,应优先采取有混凝土盖重方式施工,混凝土盖重厚一般为3 m。

(4)永久建筑物基岩无混凝土盖重固结灌浆应在基础开挖达到设计高程,基岩验收并浇筑找平混凝土且达到50%设计强度后,在找平混凝土上进行固结灌浆施工。

(5)建基面出露的规模较大、性状较差的地质缺陷部位,应采取有混凝土盖重方式施工。陡直立坡部位,一般要求采取有混凝土盖重方式施工,特殊情况下经设计单位同意,可采取无混凝土盖重方式施工。

(6)在已完成或正在灌浆的地区,其附近30 m范围内不得进行爆破作业。如必须进行爆破,施工单位应采取可靠的减震、防震措施,并须经监理单位批准后方可实施。

(7)为保证灌浆质量,应按分排、分序加密原则施工,分排、分序程序应满足设计要求。

(8)转流和蓄水前必须完成相应水位以下的基础防渗帷幕灌浆和排水孔的施工及单项工程验收。

(9)灌浆工程系隐蔽工程,施工中必须如实、准确地做好各项原始记录。对施工中出现的事故、揭露的地质问题及损坏影响监测设施的正常工作状况等特殊情况,均应详细记录并及时报告监理等有关单位,同时送设计单位,须研究处理措施。

(10)灌浆工程各项资料必须及时整理分析,以便指导灌浆工作的顺利进行。

4.2.2 钻孔

（1）所有钻孔编号、孔深及孔序划分，应按设计图纸及有关设计文件执行。固灌钻孔的终孔若位于断层或结构面部位，钻孔应加深穿过该断层至下盘或结构面下部 0.5～1.0 m 后才能终孔。帷幕孔终孔段遇性状较差、规模较大的断层、岩脉等地质构造时，应加深钻孔至穿过该地质构造下盘 5 m 以上，或根据具体情况，研究相应技术措施。

（2）开孔孔位与设计孔位偏差一般不得大于 10 cm。如因施工原因，需调整孔位时，须经设计、监理单位同意，并记录实际孔位坐标。

（3）钻机和钻头的性能应满足灌浆的要求，固结灌浆钻孔孔径不得小于 46 mm；帷幕灌浆的孔口段孔径为 76 mm，以下各段为 56 mm；物探测试孔、抬动观测孔、质量检查孔孔径为 76 mm；先导孔的孔口段孔径为 91 mm，以下各段为 56 mm；回填灌浆孔孔径不小于 38 mm。

（4）固结灌浆、回填灌浆孔可采用潜孔钻造孔；帷幕灌浆、固结兼辅助帷幕孔应采用回转钻机造孔，金刚石钻头或硬质合金钻头钻进，严禁使用碾砂钻头钻进。

（5）钻孔必须按排序加密自上而下分段的原则进行。钻孔的施工顺序为：抬动观测孔、物探测试孔、先导孔、固结、帷幕Ⅰ序孔、Ⅱ序孔、Ⅲ序孔、质量检查孔。

（6）两排帷幕灌浆孔部位按先钻灌下游排、后钻灌上游排的顺序施工。

（7）一个坝段或一个单元工程内，帷幕灌浆后序排上的第Ⅰ序孔应在相应部位前序排上第Ⅲ序孔在岩石中均灌完 15 m 后再开始钻进。同一排上相邻的两个次序孔之间，以及后序排上第Ⅰ序孔与相应部位前序排上第Ⅲ序孔之间，在岩面中钻孔、灌浆的间隔高差不得小于 15 m。

（8）钻孔分段应满足设计要求，地质缺陷部位经监理单位批准可适当修改，终孔段根据实际情况，可适当加长段长。

（9）帷幕灌浆孔应进行孔斜测量，发现偏斜超过设计要求，应及时纠正或采取措施，当处理无效时，应及时报告监理、设计等有关单位研究处理措施。

（10）先导孔、质量检查孔、物探测试孔以及设计文件中规定和监理单位指示的有取芯要求的钻孔应采取岩芯。所有岩芯均应统一编号，填牌装箱，并进行岩芯描述，编制钻孔柱状图，特殊地段的岩芯须摄影存档。岩芯一般不作永久保存，但对有水泥结石的岩芯和监理单位指示须保存的岩芯应按监理单位的指示保存，并在工程移交时负责运送至指定存放的位置。

（11）钻孔时应对钻孔中发现的各种情况，如混凝土厚度、涌水、失水、塌孔、掉块卡钻、断裂构造、岩性变化等作详细纪录，并反映在钻孔记录和钻孔综合成果表中，作为分析灌浆质量的基本资料。

4.2.3 钻孔冲洗、裂隙冲洗和压水试验

（1）每段钻孔结束后，应立即用大流量水流将孔内岩粉等物冲出，直至回水澄清 10 min 后结束，并测量记录冲洗后钻孔孔深。钻孔冲洗后孔底残留物厚度不得大于 20 cm。

（2）固灌单孔裂隙采用高压水脉动冲洗，高低压脉动间隔时间为 5～10 min，裂隙冲洗工作应进行到回水澄清后再延续 10 min 为止，且每段总的裂隙冲洗时间不得少于 30 min。

（3）固灌串通孔的裂隙冲洗采用风、水轮换冲洗，冲洗时，每次应选 1～2 个孔进水、进风，1～2 个孔排水、排风，至回水澄清再延续 10 min 后，再更换排水（风）孔，待全部串通孔都轮换排水（风）一次，且总的洗缝时间不少于 2 h，方可结束串通孔的裂隙冲洗。

（4）断层破碎带及其交会带、强透水带等部位的固灌孔段，按（2）、（3）条要求进行裂隙冲洗达不到回水澄清时，其裂隙冲洗方式根据具体情况与设计、监理单位商定。

（5）帷幕灌浆孔除第一段应进行裂隙冲洗外，一般不进行裂隙冲洗。

（6）帷幕孔裂隙冲洗结束标准：①裂隙冲洗要求至回水澄清后 10 min 为止，且总的冲洗时间要求单孔不少于 30 min，串通孔不少于 2 h。②对断裂构造、岩脉、裂隙发育带等地质缺陷部位，裂隙冲洗回水难以澄清时，经监理单位同意在冲洗时间达 2 h 以上后可结束冲洗。

（7）冲洗压力：①水压：一般采用 80% 的灌浆压力，但若该值大于 1 MPa，采用 1 MPa。②风压：一般采用 50% 的灌浆压力，但若该值大于 0.5 MPa，采用 0.5 MPa。风应通过油水分离器过滤。

（8）裂隙冲洗时应注意事项：

①当邻近的灌浆孔正在灌浆或灌浆结束不足 24 h 时，不得进行裂隙冲洗。

②同一孔段的裂隙冲洗和灌浆作业应连续进行，因故中断时间间隔超过 24 h 时，灌前应重新进行裂隙冲洗。

（9）压水试验：

①灌浆孔段的压水试验，应在孔段裂隙冲洗工作结束后进行。除有特殊要求的灌区外，一般应选择有代表性的孔段作单点法，特殊部位采用五点法压水试验，以了解灌区基岩的透水性，制订相应灌浆方案。压水试验的孔（段）数不应小于总灌孔（段）数的 5%。

②固灌压水试验的压水采用 80% 的灌浆压力，如 80% 的灌浆压力大于 0.3 MPa、小于 1 MPa，采用 0.3 MPa；如 80% 的灌浆压力超过 1 MPa，采用 1 MPa。帷幕灌浆压水试验的压力采用设计院有关《帷幕灌浆及排水孔施工技术要求》的标准。

③压水试验稳定标准：

单点法及五点法压水试验：在稳定水压下，每 5 min 测读一次压入流量，连续 4 次读数中最大值与最小值之差小于最终值的 10%，或最大值与最小值之差小于 1.0 L/min 时，即可结束，取最终值作为计算岩体透水率 q 的计算值。

简易压水试验：在稳定水压下，压水 20 min，每 5 min 测读一次压入流量，取最终值作为计算岩体透水率 q 的计算值。

（10）钻孔冲洗、压水试验成果均记录在相应记录表和灌浆成果综合统计表中。

4.2.4　抬动变形观测和物探测试

（1）设有抬动变形观测装置的部位，对观测孔周边 10 m 范围内的灌浆孔段在裂隙冲洗、压水试验及灌浆过程中均应连续进行抬动变形观测，其观测成果应反映在灌浆综合成果表中。

（2）帷幕抬动变形观测允许值为 200 μm，固灌为 100 μm。

（3）抬动变形观测应派专人进行观测、记录，每 10 min 测记一次读数，变形值上升速度较快时应加密读数，并密切注意动态，当变形值接近允许值时，应及时报告各工序操作人员采取降压措施,防止发生抬动变形破坏。如施工中发生抬动变形破坏,应立即停止施工,申报监理、设计等有关单位研究处理措施,并作好详细记录。

(4)一个单元工程内,对抬动变形值大于 100 μm 的孔数,应选择 2～3 个孔段进行抬动变形回归观测。回归观测应在灌浆结束后每间隔 5 min、10 min、20 min、30 min 后连续测读 4 次可结束观测。

(5)抬动变形使用的千分表,须经计量部门鉴定,在使用过程中应经常检查校验,确保其灵敏性和准确性。抬动变形观测装置应严格防止碰撞、震动,保证连续观测,确保测试精度。

(6)在露天进行观测时,应设有防雨、防晒设施,保证测试精度。

(7)单元工程灌浆工作结束后,抬动变形观测孔应采用机械压浆法进行封孔处理。

(8)设有物探测试孔的部位,应分别进行灌前、灌后的物探测试工作。

(9)灌前物探测试工作应在该部位抬动变形观测装置安设完毕并能进行正常观测后进行。灌后物探测试工作应在测区 10 m 范围内的钻灌工作全部结束 14 d 后进行。

(10)物探测试孔深度应满足设计要求。钻孔时应严格控制钻孔偏斜,终孔后应分段(一般按 5 m)进行孔斜测量,其测量成果应反映在钻孔综合成果表中。

(11)灌前物探测试钻孔应逐段进行钻孔冲洗。灌后物探测试应在原孔进行扫孔,达设计深度后再进行钻孔冲洗。

(12)灌前及灌后物探测试前均应逐段进行压水试验。灌前物探测试孔的压水试验采用自上而下分段法进行,灌后物探测试孔的压水试验采用自下而上分段法进行,压水试验方法、压力及稳定标准详见 4.2.3(9)款。

(13)灌前、灌后物探测试应分别进行单孔声波测试和每组孔与孔之间的弹性波剖面测试。

(14)单孔声波测试宜采用一发双收,点距不应超过 20 cm。孔间剖面测试宜采用一发多收,接收点中点应与发射点同高程,发射点距应不超过 1 m,测试完成后应交换发射、接收孔进行复测,灌前、灌后的发、收点在同一孔应在同一高程布置,以增强资料的可比性。

(15)物探测试以测试岩体纵波速度为主,同时亦应选择有代表性的地段测试岩体的横波速度。

(16)物探测试工作同时应遵循并满足相应物探规程、规范的有关规定。

(17)灌前物探测试工作完成后,对测试钻孔应妥善保护,可采用细砂或其他材料填充测试钻孔,以防灌浆时浆液串入孔内填堵钻孔,孔口亦应严加保护。

4.2.5　灌浆方法和灌浆方式

(1)固结灌浆采用自上而下、孔内循环法施工,一般作单孔灌注。当待灌段相互串通且吸浆量较小时,在保证正常供浆前提下,也可以采用群孔并联灌注,严禁串联灌注,每组并联孔数不应超过 3 个。

(2)帷幕灌浆孔的第一段(接触段)采用常规灌浆法进行阻塞灌浆,阻浆塞应阻塞在基岩面以上 20 cm 混凝土内。第二段及以下各段采用"小口径钻孔、孔口封闭、自上而下分段、孔内循环法"灌注。

（3）固结灌浆阻塞器，接触段应阻塞在基岩面以上混凝土段内 0.5 m 左右。无盖重混凝土固灌，找平混凝土厚度小于 20 cm 时，阻塞器中心应设在基岩面以下 20 cm 处，如阻塞不住，可渐渐下移；厚度大于 20 cm 时，可阻塞在两分界面处。以下各段应阻塞在上一灌段底 0.5 m 左右，其射浆管距灌浆孔底不应大于 0.5 m。当阻塞不住时，应逐渐上移阻塞器（不可下移），此时应保证射浆管距孔底不大于 1.0 m，否则应重新配制射浆管。

（4）帷幕灌浆段灌浆时，射浆管管口距孔底不得大于 50 cm。射浆管的外径与钻孔孔径之差不大于 20 mm。采用钻杆作为射浆管，应使用平接头连接。

（5）帷幕灌浆过程中应经常转动和上下活动射浆管，回浆管宜有 15 L/min 以上的回浆量，以防注浆管在孔内因水泥浆凝固而造成孔内事故。

（6）灌浆过程中，应注意观察，当发生地表冒浆，压力突然升、降，吸浆量突然增、减等异常现象时，应立即查明原因，采取相应措施妥善处理，并作好详细记录，必要时申报设计、监理等有关单位研究处理。

（7）所有已造孔的固结灌浆孔，除压水试验测定漏水量小于 0.4 L/min 孔段可不进行灌浆外，其余孔段均应进行灌浆。

（8）对布置有抬动观测孔和物探测试孔的灌区，固结灌浆须待抬动观测装置安装完毕且能进行正常测试工作和灌前物探测试工作完毕后才能进行。

（9）灌浆孔分段和段长应满足设计要求，一般固结灌浆孔深小于 6 m，可不分段，全孔一次灌注，特殊情况应报设计、监理单位批准。

（10）位于陡直立坡上的固灌孔和固灌兼辅助帷幕孔灌浆时，基岩段应先进行接触段灌浆，待凝 24 h 后，方可进行以下各段的灌浆，接触段段长不得大于 2 m，以下各段以 5 m 为宜，最大段长不得超过 8 m，终孔段灌浆结束后，应进行全孔复灌。

（11）对孔口段没有涌水的灌浆段灌浆结束后，一般不待凝，即可进行下一段钻、灌作业。断层破碎带等地质条件复杂的孔段，灌浆结束后应待凝 48 h 方可进行下一段的钻、灌作业。孔口有涌水的灌浆孔段，按 4.2.8（4）条规定执行。

4.2.6　灌浆压力和浆液变换

（1）有盖重固灌压力：①混凝土厚度不足 3 m 时，接触段灌浆压力为 0.1 MPa。②混凝土厚度为 3 m 时，接触段 I 序孔灌浆压力为 0.3 MPa，II 序孔灌浆压力为 0.5 MPa。③混凝土厚度超过 3 m 时，接触段灌浆压力按混凝土厚度每超过 1 m，灌浆压力相应增加 0.025 MPa 计算。④接触段以下各段灌浆压力按下式计算：

$$P = P_0 + \alpha h$$

式中　　P——灌浆段压力，MPa；

P_0——接触段压力，MPa；

h——阻塞器栓塞以上的基岩段长度，m；

α——系数，根据岩体破碎情况确定，一般情况下取 0.05，断层及破碎带取 0.025。

（2）无盖重固灌压力：①陡直立坡段第一段 I 序孔灌浆压力为 0.2 MPa，II 序孔为 0.3 MPa。②水平建基面部位，第一段 I 序孔为 0.3 MPa，II 序孔为 0.5 MPa。③第二段及以下各段灌浆压力计算公式同 4.2.6（1）④条。

（3）帷幕灌浆孔段的灌浆压力按表 3-30 采用。

表 3-30　灌浆压力采用表　　　　　　　（单位:MPa）

部位	第一段（接触段）	第二段	第三段	第四段及以下各段
上覆混凝土厚度大于 30 m 的挡水前沿主帷幕部位	1.5	3.0	4.5	6.0
坝址封闭帷幕、挡水前沿帷幕结构混凝土厚度小于 30 m、灌浆平洞、混凝土压浆板等部位	1.0	1.5	2.0	4.0

注:表中灌浆压力系指安装在孔口回浆管上压力表所指示的压力值。

（4）灌浆时,应尽快达到设计压力,但灌浆过程中必须注意控制灌浆压力与注入率相适应。固灌对接触段、注入率较大的孔段及断裂发育部位,应采用分级升压,即可在裂隙冲洗或压水试验压力基础上,按每 0.05 MPa 一级升压,每级升压的纯灌时间不少于 15 min。帷幕灌浆时,在 5~6 MPa 灌浆压力作用下,注入率宜小于 10 L/min。

（5）灌浆压力以孔口回浆管压力表读数为准,压力表读数以峰值为准,压力表指针摆动范围应小于灌浆压力的 20%,摆动幅度应作记录。

（6）灌浆过程中,当注入率较大时,可采用分级升压或间歇升压法灌浆。

（7）串通孔（组）灌浆或多孔并联灌浆时,应分别控制灌浆压力,同时加强抬动监测,防止混凝土或岩石抬动。

（8）对设有抬动观测孔的灌区,在灌浆施工过程中,特别是抬动观测孔邻近的灌浆孔在进行裂隙冲洗、压水、灌浆时均应进行抬动监测,并将观测成果填报于综合成果表中。在一般情况下,固灌抬动变形允许值为 100 μm,帷幕灌浆为 200 μm,如发现超过允许值时,应立即降压施工,并及时通知设计、监理等有关单位,研究处理措施。

（9）固灌水泥浆液的水灰比采用5:1、3:1、2:1、1:1、0.8:1、0.6:1、0.5:1（重量比）等 7 个比级,开灌水灰比一般可采用 5:1。

（10）帷幕灌浆浆液以湿磨细水泥浆液为主。当灌浆孔段压水试验漏水量大于 40 L/min 以及采用湿磨细水泥浆液连续灌 10 min,注入率仍大于 30 L/min 时,可先灌注普通水泥浆液,待普通水泥浆液注入率小于 10 L/min 后,再改用湿磨细水泥浆液灌注。

（11）帷幕灌浆浆液水灰比:①湿磨细水泥浆液水灰比（重量比）采用 3:1、2:1、1:1、0.6:1 等 4 个比级,开灌水灰比可采用 3:1。②普通水泥浆液水灰比（重量比）采用 3:1、2:1、1:1、0.8:1、0.6:1、0.5:1 等 6 个比级,开灌水灰比采用 3:1。

（12）灌浆过程中,应每隔 15~30 min 测记一次浆液密度,浆液变换及灌浆结束时,亦应测记浆液密度,必要时还应测记浆液温度,其测值应反映在灌浆综合成果表中。

（13）浆液变换标准:①灌浆过程中,如灌浆压力保持不变,注入率持续减少,或当注入率不变而压力持续升高时,不得改变浆液水灰比。②在正常灌浆条件下,当某一级浆液的单孔注入量达 300 L 以上（固灌群孔达 600~1 200 L）,或灌浆时间已达 1 h 以上,而灌浆压力或注入率均无改变或改变不显著时,应变浓一级水灰比灌注。③当注入率大于 30 L/min 时,视具体情况可越级变浓水灰比。④浆液水灰比改变后,如灌浆压力突增或吸浆量突减到原吸浆量的 1/2 以下时,应立即回稀到原级水灰比进行灌注。

4.2.7　灌浆结束标准与封孔

（1）固灌孔在设计压力下，当吸浆量单孔不大于 0.4 L/min，群孔不大于 0.8 L/min 时，连续灌注 30 min 后结束灌浆。

（2）帷幕灌浆在同时满足下述规定下，可结束灌浆作业：①在设计压力下，灌浆孔第 1~3 段注入率小于 0.4 L/min，第 4 段及以下各段注入率小于 1.0 L/min 时，延续灌注时间不少于 90 min；②灌浆全过程中，在设计压力下的灌浆时间不少于 120 min。

（3）固结灌浆兼辅助帷幕灌浆孔及有灌浆中断情况待凝孔段的灌浆孔，全孔灌浆结束后，应进行全孔复灌。

（4）灌浆过程中，如发现回浆变浓，应改稀到回浓浆前水灰比的新浆进行灌注，若效果仍不明显，需延续灌注 30 min，方可结束灌浆。

（5）固结灌浆孔封孔：①预埋（引）管的灌浆孔，在灌浆结束后，应采用 0.5:1 的浓浆替换孔内稀浆，当回浆管排出 0.5:1 的浓浆后封闭孔口，作闭浆封孔。②凡属正常结束的灌浆孔，全孔灌浆结束后紧接着用 0.5:1 的浓浆进行机械封孔。浆液凝固后，应及时清除孔内浮浆和污水，用 M20 水泥砂浆回填密实。

（6）帷幕灌浆全孔灌浆结束，经监理单位验收合格后方可采用 0.5:1 的浓浆"置换和压力灌浆封孔法"进行封孔。封孔灌浆时间不少于 1 h，封孔压力采用相应灌浆孔的最大灌浆压力。

（7）已进行置换和压力灌浆封孔的帷幕孔，待孔内水泥浆液凝固后，若孔上部空余，孔段大于 3 m 时应在清除孔内污水、浮浆后，采用"机械压浆封孔法"进行封孔。小于 3 m 时在清除孔内污水、浮浆后，可使用水泥砂浆封填密实。

4.2.8　特殊情况处理

（1）灌浆过程中，如发现冒浆、漏浆，根据具体情况可采用嵌缝、表面封堵、低压、浓浆、限流、限量、间歇灌注等方法处理。

（2）钻孔穿过断层和破碎带，遇有塌孔、掉块和钻进中发现集中漏水时，应立即停钻，查明原因，一般情况下，可采取压缩段长，进行灌浆处理后，再行钻进。

（3）灌浆工作应连续进行，如因故中断应尽早恢复灌浆，恢复灌浆时使用开灌水灰比的浆液灌注，如注入率与中断前相近，可改用中断前水灰比的浆液灌注。如恢复灌浆后，注入率较中断前减少较多，且在短时间内停止吸浆，应报告监理等有关单位，研究相应的处理措施。

（4）对孔口有涌水的孔段，灌浆前应测记涌水压力和漏水量，根据涌水情况，可按下述方法处理：①缩短段长，对涌水段单独灌浆；②相应提高灌浆压力（一般按设计压力 + 涌水压力）；③灌浆结束后采取屏浆措施，屏浆时间不少于 1 h，并应有相应的闭浆措施；④闭浆结束后待凝 48 h；⑤必要时，可在浆液中掺加适量速凝剂。

（5）对注入率大、灌浆难以正常结束的孔段，应采用低压浓浆、限流、限量间歇灌浆或浆液中掺加速凝剂等方法处理，必要时，可采用稳定浆液或混合浆液灌注，但实施前应报告监理单位，经监理单位批准后方可实施。该段经处理后，仍应扫孔重新灌浆直至结束。

（6）钻灌过程中发现灌浆孔串通时，应查明情况，研究采取妥善处理措施。

4.3　接缝灌浆

4.3.1　一般规定

（1）接缝灌浆的施工顺序应遵守按高程自下而上分层进行的原则。

（2）各灌区需符合下列条件,方可进行灌浆:①灌区两侧坝块的温度必须达到设计规定值;②灌区两侧坝块混凝土龄期应多于 6 个月,在采取有效措施情况下,也不得少于 4 个月;③除顶层外,灌区上部宜有 9 m 厚混凝土压重,且其温度应达到设计规定值;④接缝的张开度不宜小于 0.5 mm;⑤灌区密封,管路和缝面畅通。

（3）同一高程的灌区,一个灌区灌浆结束,间歇 3 d 后,其相邻的灌区方可开始灌浆,若相邻灌区已具备灌浆条件,可采用同时灌浆方式,也可采用连续灌浆方式。连续灌浆应在前一灌区灌浆结束后 8 h 内开始另一灌区的灌浆,否则仍应间歇 3 d 后进行灌浆。

（4）同一闸首、地段横缝,下一层灌区灌浆结束,间歇 14 d 后,上一层灌区方可开始灌浆。若上、下层灌区均已具备灌浆条件,可采用连续灌浆方式,但上、下层灌区灌浆间隔时间不得超过 4 h,否则仍应间歇 14 d 后进行。

（5）在闸首墙、坝块内应根据接缝灌浆的需要埋设一定数量的测温计和测缝计。

4.3.2　灌浆系统布置与安装

（1）灌浆系统应分区布置,具体布置见接缝灌浆布置图。

（2）管路安装好后,每层浇筑前都要通水检查,对不通管路及时进行处理。

（3）进、回浆管及排气管道均应引至规定的位置,并按图中顺序排列,作好标记和记录,管口外露 20 cm。

（4）灌浆管上开孔必须使用电钻。所有焊缝应严密,无砂眼,并清除管内渣屑。管的弯曲段加工不得烧焊,应用弯管机加工或用弯管接头、三通、丝扣连接。

（5）出浆盒、排气槽四周应与模板紧贴,安装牢固。槽(盒)盖与槽(盒)应完全固定,四周用砂浆勾缝封闭。

（6）灌浆管路应全都埋设在先浇块中,只有在形成一个封闭的灌区后,方可改变浇筑块的先后次序。

（7）在混凝土浇筑过程中,应设专人负责灌浆系统的安装、检查和保护。

4.3.3　开始灌浆前应进行的工作

（1）测定灌区两侧坝块和压重块混凝土的温度,测温可采用充水闷管测温法或设计规定的其他方法。

（2）测记灌区缝面的张开度。灌区内部的缝面张开度应使用测缝计量测,表层的缝面张开度可以使用孔探仪或厚薄规量测。

（3）对灌区的灌浆系统应进行通水检查,通水压力一般应为设计灌浆压力的 80%。检查内容如下:①查明灌浆管路通畅情况,灌区至少应有一套灌浆管路畅通,其流量宜大于 30 L/min。②查明缝面通畅情况。采用"单开通水检查"方法,两个排气管的单开出水量均应大于 25 L/min。③查明灌区密封情况。缝面漏水量宜小于 1.5 L/min。发现外漏,必须处理。

（4）当灌浆管路发生堵塞时,应用压力水或风水联合冲洗,力争通开。若无效,可采用打孔、掏洞、重新接管等方法,恢复管路畅通。

（5）当止浆片或混凝土漏水时，应采取嵌缝、封堵等有效措施处理。

（6）灌浆前应对缝面充水浸泡 24 h，并进行预灌性压水检查，压水压力等于灌浆压力。然后放净或用风吹净缝内积水。

（7）灌区相互串通时，应待串区均具备灌浆条件后，同时进行灌浆。

（8）在需要通水平压的灌区，应做好准备工作，并根据需要在有关的缝面上安设变形观测装置。

4.3.4 灌浆施工

（1）灌浆过程中，必须严格控制灌浆压力和缝面增开度。若灌浆压力尚未达到设计要求，而缝面增开度已达到设计规定值，则应以缝面增开度为准，控制灌浆压力。

（2）灌浆压力应用与排气槽同一高程处的排气管管口的压力表示。如排气管堵塞，则应以回浆管管口相应压力控制。

（3）在灌区灌浆过程中，可观测同一高程未灌浆的邻缝灌区的变形。如需要通水平压，应按设计规定执行。

（4）浆液水灰比变换可采用 3∶1（或 2∶1）、1∶1、0.6∶1（或 0.5∶1）三个比级。一般情况下，开始可灌注 3∶1（或 2∶1）稀浆，待排气管出浆后，即改用 1∶1 浆液灌注。当排气管出浆浓度接近 1∶1 或当 1∶1 浆液灌入量约等于缝面容积时，即改用最浓比级 0.6∶1（或 0.5∶1）浆液灌注，直至结束。当缝面张开度大，管路畅通，两个排气管单开出水量均大于 30 L/min 时，开始就可灌注 1∶1 或 0.6∶1 浆液。

（5）为尽快使浓浆充填缝面，开灌时，排气管处的阀门应全打开放浆，其他管口应间断放浆。当排气管排出最浓一级浆液时，再调节阀门控制压力，直至结束。所有管口放浆时，均应测量浆液的密度，记录弃浆量。

（6）当排气管出浆达到或接近最浓比级浆液，排气管口压力或缝面增开度达到设计规定值，注入率不大于 0.4 L/min 时，持续 20 min，灌浆即可结束。

（7）当排气管出浆不畅或被堵塞时，应在缝面增开度限值内，尽量提高灌浆压力，力争达到第（6）条规定的结束标准。若无效，则在顺灌结束后，立即从两个排气管中进行倒灌。

（8）倒灌时，应使用最浓比级浆液，在设计规定的压力下，缝面停止吸浆，持续 10 min 即可结束。

（9）灌浆结束时，应先关闭各管口阀门后再停机，闭浆时间不宜少于 8 h。

（10）同一高程的灌区相互串通采用同时灌浆方式时，应一区一泵进行灌浆。在灌浆过程中，必须保持各灌区的灌浆压力基本一致，并应协调各灌区浆液的变换。

（11）同一接缝的上、下层灌区相互串通，采用同时灌浆方式时，应先灌下层灌区，待上层灌区发现有浆串出时，再开始用另一泵进行上层灌区的灌浆。灌浆过程中，以控制上层灌区灌浆压力为主，调整下层灌区的灌浆压力。下层灌区灌浆宜待上层灌区开始灌注最浓比级浆液后结束。在未灌浆的邻缝灌区宜通水平压。

4.3.5 特殊情况处理

（1）灌浆过程中发现外漏，应立即进行堵漏处理。若无效，可采用加浓浆液、降低压力等措施处理，但不得采用间歇灌浆法。

（2）灌浆过程中发现串浆,当串区已具备灌浆条件时,可以同时进行灌浆。否则,可采用以下措施:若开灌时间不长,宜用清水冲洗灌区和串区,直至灌、串区的排气管出水洁净时止,待串区具备灌浆条件后再同时进行灌浆;若灌浆时间较长,且串浆轻微,可在串区通低压水循环,直至灌区灌浆结束、串区循环回水洁净时止。

（3）灌浆过程中,当进浆管和备用进浆管均发生堵塞时,宜先打开所有管口放浆,然后应在缝面增开度限值内,尽量提高进浆压力,通开进浆管路。若无效,再换用回浆管进行灌注或采取其他有效措施。

（4）灌浆过程中,因故被迫中断,应立即用清水冲洗,保持灌浆系统通畅。恢复灌浆前,应再做一次压水检查,若发现灌浆管路不通畅或排气管单开出水量明显减少,应采取补救措施。

（5）当灌区的缝面张开度小于 0.5 mm 时,可采取如下措施:①使用通过 71 μm 方孔筛筛余量小于 2%的水泥浆液或使用磨细水泥浆液;②在水泥浆液中加入减水剂,改善浆液的流动性能;③在缝面增开度限值内,适当提高灌浆压力;④采用化学灌浆。

4.4　灌浆工程质量检查

4.4.1　固结灌浆

（1）固结灌浆质量检查以钻孔取芯、压水试验及灌浆前后岩体弹性波测试成果为主,结合灌浆施工记录等资料进行综合评定。

（2）灌区固结灌浆结束后,施工承包单位应及时将固灌施工综合成果资料报送监理,以便能及时布置固结灌浆质量检查孔和对未达到设计要求的部位及时采取补救措施。

（3）检查孔按 5%的灌浆孔数控制,压水试验须待该部位灌浆结束 3 d 后进行。弹性波测试孔的灌后测试工作须待灌浆结束 14 d 后进行。

（4）检查孔压水试验采用单点压水试验的方法,压水压力一律采用 0.3 MPa。

（5）压水试验检查的合格标准:①一般固灌孔要求透水率 $q \leqslant 3$ Lu 孔段的合格率在80%以上,其余不合格孔段的透水率不超过设计规定值的 50%,且不集中,可认为灌浆质量合格,否则需进行补灌处理直至合格为止。②固结灌浆兼辅助帷幕孔要求透水率 $q \leqslant 3$ Lu 的基岩接触段的合格率为 100%,以下各段的合格率应在 90%以上,其余不合格孔段的单位吸水率不超过设计规定值 3 Lu 的 50%,且不集中,可认为合格,否则需进行补灌,直至合格为止。

（6）检查结束后,应对漏水量大于 0.4 L/min 的孔段进行灌浆。

4.4.2　帷幕灌浆

（1）帷幕灌浆质量评定以质量检查孔压水试验成果为主,结合灌浆施工钻孔、压水试验、灌浆、钻孔测斜、灌浆前后物探测试、抬动变形观测、孔内电视等成果,以及孔内必要的大口径钻孔检测等资料综合评定。

（2）质量检查孔数量一般按帷幕孔总数的 10%控制,一个坝段或一个单元工程内至少应有一个质量检查孔。

（3）质量检查应在一个坝段或一个单元工程灌浆结束 14 d 后进行。

（4）质量检查采用自上而下分段阻塞进行单点法压水试验。压水试验段长第一段为2 m,第二段为 3 m,以下各段均为 5 m。压水试验方法、压力及稳定标准见 4.2.3（9）条。

（5）质量检查合格标准为透水率 $q \leqslant 1$ Lu。接触段及其下一段的合格率应为100%，以下各段合格率应达90%以上，不合格的孔段透水率 q 应不超过 2 Lu 且不集中，方可认为合格。否则，应研究处理措施。

4.4.3　接缝灌浆

（1）各灌区的接缝灌浆质量，应以分析灌浆资料为主，结合钻孔取芯等质检成果，并从以下几个方面进行综合评定：①灌浆时坝块混凝土的温度；②灌浆管路通畅、缝面通畅以及灌区密封情况；③灌浆施工情况；④灌浆结束时排气管的出浆密度和压力；⑤灌浆过程中有无中断、串浆、漏浆和管路堵塞等情况；⑥灌浆前后接缝张开度的大小及变化；⑦灌浆材料的性能；⑧缝面灌入水泥量；⑨钻孔取芯和压水检查成果及孔内探缝、孔内电视等测试成果。

（2）根据灌浆资料分析，当灌区两侧坝块混凝土的温度达到设计规定，两个排气管均排出浆且有压力，排浆密度均达 $1.5\ g/cm^3$ 以上，其中有一个排气管处压力已达到设计压力的50%以上，而其他方面也基本符合有关要求时，灌区灌浆质量可以认为合格。

（3）接缝灌浆质量检查工作应在灌区灌浆结束 28 d 后进行。

（4）接缝灌浆灌区的合格率应在80%以上，不合格灌区不得集中，且每一条横缝内灌浆区的合格率不应低于70%，即可认为接缝灌浆工程质量合格；否则，应由建设、设计、施工、监理单位共同商定处理方案。

5　单元工程质量等级评定

5.1　单元工程划分

固结灌浆按混凝土浇筑块、段划分，每一块、段的固结灌浆为一个单元工程。帷幕灌浆以同序相邻的 10～20 孔为一个单元工程。接缝灌浆按设计确定的灌浆区划分，每一灌浆区为一个单元工程。回填灌浆按区、段划分，一般不大于 50 m，每个区段为一个单元工程。单元工程编码依据《船闸工程项目划分》执行。

5.2　单元工程评定

（1）单元工程评定标准依据 SDJ 249—88 及招标文件 TGP/C Ⅱ－6 和设计有关技术文件规定。

（2）单元工程质量评定的主要任务是检查单元工程的质量是否符合设计要求，并对工程质量进行评定，以确定后续工序能否开工。

（3）单元工程质量评定由施工承包单位组织，监理单位审查认证质量等级。

（4）监理单位对单元工程质量评定的工作基础是施工承包单位提交的终检合格证明。

第十二节　混凝土浇筑现场旁站监理实施细则

1　总　则

1.1　质量是水电站工程的生命，质量责任重于泰山。对工程质量实行终身负责制。

1.2 监理人员要按规定采取旁站、巡视和平行检验等形式,按作业程序即时跟班到位进行监督检查,对达不到质量要求的工程不得签字。未经监理人员签字认可,不得进入下一道工序的施工,不得拨付工程进度款,不得进行竣工验收。并有权责令返工,有权向主管部门报告。

1.3 旁站监理是监理单位对施工的关键部位、关键时段和关键环节(作业工序)进行跟踪监督,及时发现问题,处理和解决问题,或立即向有关责任人报告问题,接受指令。旁站监理是一个动态的监督过程。

1.4 本细则的编制依据:

(1)国务院办公厅关于《加强基础设施工程质量管理的通知》;

(2)《××水电站工程建设监理合同》。

1.5 本细则适用于××水电站工程混凝土项目监理,其他工程项目可参照执行。

2 旁站监理的项目和环节

根据××水电站工程的特点,需要实行旁站监理的工程项目和环节有:

(1)主体结构混凝土规定需要实行旁站监理的部位;

(2)对关键时段,如交接班、现场进餐、机械设备故障、中雨等时段应坚持旁站监理(进餐时可短暂离开);

(3)对关键部位,如模板孔洞周边、止水上下、金结埋件、监测仪器等部位浇筑时应坚持旁站监理。

3 混凝土浇筑过程的旁站监理

3.1 混凝土浇筑前的检查工作内容

(1)检查混凝土浇筑单元工程开仓验收合格证,并应检查落实开仓监理工程师同意验收时,用书面或口头形式提出要求进一步处理的一些问题,如钢筋间距、保护层的局部调整;局部模板拼缝错台及缝隙、孔洞的处理和调整;永久缝面隔离物的固定平整,接缝灌浆管路的固定及支撑;键槽缝先浇块表面的错台磨平;出浆盒的混凝土盖板封闭严实,以及其他遗漏的问题等。同时对其他在开仓验收时已检查合格的项目要进一步核实。

(2)建基面或仓面工作缝清理杂物检查,以及外来水截排措施要检查落实。

(3)各种管道和预埋件的埋设质量检查,特别要重视对止水的设置检查。

(4)初期仓内喷雾、浇筑设备能力、保温材料等准备条件。主要包括仓面喷雾设备架设是否合理,清点本班浇筑的劳力、振捣器、保温被、喷雾器数量是否到位,养护、温控是否有专人负责等。

(5)检查后当发现仓面处理不能满足要求,而施工人员不听劝阻时,可直接电话通知拌和楼监理停止供料,责令按要求处理后再恢复供料。

3.2 混凝土浇筑入仓时的检查工作内容

(1)建基面或混凝土施工缝面在混凝土浇筑入仓前应保持湿润;水泥砂浆摊铺应均匀,砂浆标号应比同部位混凝土高一级,层厚 2～3 cm;一次铺设的砂浆面积应与浇筑方法、浇筑强度相适应,控制在 30 min 内被混凝土覆盖为限。

（2）检查入仓混凝土的外观质量，并按规定抽测混凝土入仓温度，作好记录；不合格的混凝土严禁入仓，已入仓的不合格混凝土必须坚决清除；为避免在同一仓号内不同部位采用不同标号、级配时下错料，必要时应要求吊罐挂标识牌，便于识别。

（3）根据仓面大小、浇筑设备能力及气候条件，确定混凝土浇筑程序及方法。一般情况下，浇筑仓面不大，或浇筑设备能力较强时采用平浇法；当浇筑仓面较大，设备能力有限时可采用台阶法浇筑；当采用台阶法浇筑时，应从短边向长边方向进展。

（4）混凝土的浇筑应按事先安排的厚度、方向、分层有序进行，混凝土的浇筑厚度一般不大于 50 cm，人工振捣宜控制在层厚 30 ~ 40 cm，垂直下料高度应控制不超过 2 m。

（5）混凝土入仓不应导致骨料分离，且平仓均匀，无骨料集中现象。

3.3　混凝土浇筑过程中的检查工作内容

（1）进入仓内的混凝土应随浇随平仓，不得堆积；不得以平仓代替振捣；仓内若有粗骨料堆叠，不得用水泥砂浆覆盖，应均匀撒布于砂浆较多处，以免造成内部蜂窝。混凝土浇筑面应保持水平。

（2）浇筑混凝土时，严禁在仓内加水；仓内泌水或雨天浇筑时积水，须及时人工舀出，不得用泵抽水；严禁在模板上开孔排水，以免带走灰浆；不得用混凝土赶水；不得向积水较深处下料。

（3）混凝土振捣时，应将振捣器插入下层混凝土 5 cm 左右，按顺序依次振捣，不得漏振，也不得过振；每一位置的振捣时间，以混凝土不再显著下沉、不出现气泡，并开始泛浆为准。

（4）振捣器距模板、预埋件、排水管网、结构锚杆的垂直距离，不应小于振捣器有效半径的 1/2。不得触动钢筋、结构锚杆、排水管网及预埋件。注意保护金结机电埋件和监测仪器，以免移位和损坏。无法使用振捣器的部位，如止水片、止浆片、排水管网等周围，要重点监控，坚持旁站，监督施工人员人工捣固，使其密实。

（5）混凝土浇筑应保持连续性，如因故中止，超过允许间歇时间，且出现初凝时，则必须按工作缝处理。若能重塑者（重塑标准：用振捣器振捣 30 s，周围 10 cm 范围内能泛浆且不留孔洞者），仍可继续浇筑混凝土。

浇筑混凝土的允许间歇时间（自出料时算起到覆盖上层混凝土时为止），应通过试验确定。在夏季浇筑混凝土时，混凝土浇筑覆盖时间控制在 2 h 以内（适用地面工程）。

（6）浇筑过程中要注意观察模板，发现模板变形、走模时要及时监督、调整恢复。对模板检查可用目测，必要时应挂线检查。

（7）结构物设计顶面的混凝土浇筑完毕后，其平整度和高程应符合设计要求。

3.4　混凝土温控工程的检查工作内容

混凝土温控的最终目的是使混凝土最高温度控制在设计允许最高温度以内，防止出现危害性裂缝。混凝土浇筑过程中温度控制的直接目标是采取各种有效措施使仓面混凝土浇筑温度符合设计技术要求的规定。

（1）检查督促施工承包单位建立健全温控岗位责任制。检查现场温控责任人及养护、保温和冷却水通水的专业队伍到位情况。应了解、熟悉并掌握分管工程部位的温控要求，冷却水管的布置情况、通水运行情况及效果监测情况。

（2）浇筑过程中要检查落实仓面喷雾到位情况，平仓振捣后的混凝土表面，在太阳直射的情况下应及时覆盖保温被，特别要注意混凝土浇筑过程中台阶及料头部位的覆盖。

保温被材料要求统一用两层编织袋中间加聚乙烯塑料或具备相应保温能力的保温材料。

（3）在混凝土收仓后 12 h 内，应进行初期通水冷却和流水养护（如该仓混凝土浇筑时间超过 24 h，则现场监理工程师应指示提前通水），并按规定时间每 2 d 测定 1 次冷却水进出水温。

初期通水进口水温，按标书规定为 10～15 ℃，能达到 6～8 ℃更好，通水时间 15 d 左右，降温速度控制不能超过 1 ℃/d；连续流水养护不得少于 28 d，在此期间不断水，混凝土面不露白。高温季节，在利用混凝土后期强度的重要部位，应延长流水养护时间。

（4）在浇筑过程中，应加强对混凝土入仓温度、浇筑温度的检测：

对入仓温度，要求施工承包单位在入仓混凝土平仓振捣前 5～10 cm 深处，每 1～2 h量测 1 次。

对混凝土浇筑温度，是量测经过平仓振捣后，覆盖上层混凝土前在本层 5～10 cm 深处的温度。要求施工承包单位每 100 m² 仓面面积应不少于 1 个测点，每个浇筑层不少于 5 个测点，测点应均匀分布在浇筑层面上。

旁站监理人员应将温度监测数据填报《××水电站混凝土温度记录表》转送技术信息部汇总。

4 质量记录

现场旁站监理工程师和监理员应填写详尽的监理工作日记，其内容至少应包括：当日气象、施工部位、作业内容、人员投入、设备状况、施工进度、工程形象、质量安全、监测成果、停工、窝工和当日完成的实物工程量。并填报《××水电站混凝土浇筑质量记录表》，还可根据工作需要签发《现场工作联系单》。

附表

1. ××水电站工程混凝土浇筑过程质量记录表（见表 3-31）
2. ××水电站工程混凝土浇筑过程温度检测记录表（见表 3-32）

表 3-31 ××水电站工程混凝土浇筑过程质量记录表

施工承包单位： 气候： 编号：

标段工程		分部工程	
单元工程		起止桩号(高程)	
混凝土标号、级配		工程量(m³)	
开仓时间		收仓时间	
入仓手段		拌和系统	

序号	检查项目	施工情况简述
1	砂浆铺筑	
2	入仓混凝土料	
3	平仓分层	
4	混凝土振捣	
5	铺料间歇时间	
6	保温被覆盖	
7	积水、泌水和防雨	
8	预埋与保护	

施工质量评述：

值班监理： 年 月 日 时

表3-32 ××水电站工程混凝土浇筑过程温度检测记录表

施工承包单位: 　　　　　　气候: 　　　　　　编号:

标段工程			分部工程	
单元工程			起止桩号(高程)	
开仓时间			收仓时间	

序号	检测时间	气温 (℃)	入仓温度 (℃)	浇筑温度 (℃)	值班	序号	检测时间	气温 (℃)	入仓温度 (℃)	浇筑温度 (℃)	值班
1						15					
2						16					
3						17					
4						18					
5						19					
6						20					
7						21					
8						22					
9						23					
10						24					
11						25					
12						26					
13						27					
14						28					

最高入仓温度(℃)		最低入仓温度(℃)		平均入仓温度(℃)	
最高浇筑温度(℃)		最低浇筑温度(℃)		平均浇筑温度(℃)	
控制入仓温度(℃)		控制浇筑温度(℃)		超温率(%)	

现场温控情况简述:

项目监理工程师: 　　　　　　年　月　日

说明:①本表以每一浇筑仓为单元填写有关温度信息。单元编号应按规定填写,并要在各相关表格中保持一致。

②检测要求按本细则有关规定执行。

第十三节　爆破开挖监理实施细则

1　总　则

1.1　本细则根据××水电站标段各工程项目合同书、《水工建筑物岩石基础开挖工程施工技术规范》、《爆破安全规程》以及有关工程验收规程、质量标准、技术要求等编制。

1.2　本细则适用于××水电站标段内所有工程项目的地基、边坡、道路等爆破开挖。

1.3　施工承包单位在经监理单位审批的施工组织设计的基础上,编制施工爆破开挖技术要求(或规定)报监理单位。经审查批准后,才能组织实施。

1.4　施工承包单位采用的爆破参数,必须通过爆破试验确定。若采用经验数据,则需提供地质条件相似的工程爆破施工技术资料(总结),否则监理单位有权要求承包单位进行爆破试验,施工承包单位不得拒绝。

1.5　施工单位应采取一切必要措施,尽可能减少爆破对边坡保留岩体的影响和扰动,尤其在直立坡段,应保证开挖岩体的稳定和岩面的完整平顺。在开挖过程中,发现有可能不稳定岩体,应及时向监理工程师报告,并提出合适的加固支护措施及采用能减少边坡失稳的施工方法。

1.6　槽挖爆破可以坝轴线分区实施,相邻区段间开挖下切高差不得大于一个梯段。

1.7　施工单位应保证用于施工的设备、材料和仪器的适用性、可靠性和充足的数量,如果不能满足工程质量和进度要求,监理单位有权指令施工单位限期更换或增加设备、材料和仪器。

1.8　为保证××水电站开挖的质量和安全,监理工程师有权要求承包者在施工过程中设置必要的监测仪器,以便于将测试成果与爆后观测成果进行综合分析,结合后续施工部位的地质条件,调整、优化钻爆参数。

2　爆破开挖质量控制标准

2.1　通过爆破试验和爆破实施过程中不断改进爆破造孔技术、爆破参数和检测手段,达到爆破质量控制目标。

2.2　爆破开挖质量控制目标是避免基础岩体或保留岩体产生爆破裂隙,或使原有裂隙扩张松动。根据不同的爆破类型,控制标准是:

（1）预裂爆破。①爆破后,孔壁不应产生严重的爆破裂隙。②预裂缝宽一般不宜小于 1 cm。③相邻两炮孔间岩面不平整度不应大于 15 cm。④预裂范围应超出梯段爆破区,其预裂缝外延 5～15 m。

（2）光面爆破。①设计边坡的开挖,如不采用预裂爆破,可在完成松动爆破区开挖后,在预留的保护层("光爆层")内施行光面爆破。②爆破后,相邻两炮孔间岩面不平整度,不应大于 15 cm,一般不允许欠挖。

（3）梯段爆破。①爆破孔底应尽量设置在同一高程,其误差在 30 cm 以内。②紧邻设计边坡设 2～3 排缓冲孔。其孔距、排距和装药量应较梯段孔减少 1/3～1/2。③爆破的岩石块度应能适合挖掘机械作业,一般规定块度长不宜大于 $0.75\sqrt[3]{V}$(V 为挖掘机斗容),有设计技术要求的除外。作为混凝土骨料的岩石块度要满足合同要求。④最大一段起爆药量,以保证边坡、已浇(喷)混凝土及邻近建筑物的安全为准,应通过爆破试验确定各种条件下的最大一段起爆药量。

(4)预裂孔和光爆孔的残孔率,除爆破技术外,受岩体裂隙和风化程度影响很大,据技术要求控制标准为:①对节理裂隙不发育的新鲜岩体为 95% 以上。②对节理裂隙较发育的岩体或弱风化岩体为 80% 以上。③对节理裂隙很发育的岩体或强风化岩体为 50% 以上。④对节理裂隙极发育的岩体为 50% ~ 10%。

(5)爆破开挖钻孔质量指标列于表 3-33。

表 3-33　开挖钻孔质量指标

项目	允许偏差				最大一段起爆药量(kg)
	排距(cm)	孔距(cm)	倾斜度(°)	孔深(cm)	
主炮孔	±20	±20	±3	−20	≤100
缓冲孔	±20	±20	±1	−20	≤80
光爆孔、预裂孔	±10	±1	+5、−10	≤50	

(6)地基(边坡)面的质点安全振动速度列于表 3-34。

表 3-34　开挖爆破质点安全振动速度

项目	安全振动速度(cm/s)	说明
边坡面	≤10	
新浇混凝土基础	1.5 ~ 2	0 ~ 3 d(龄期)
	2 ~ 3	3 ~ 7 d(龄期)
	3 ~ 5	7 ~ 28 d(龄期)
	5 ~ 8	>28 d(龄期)
已灌浆部位	≤1.2 ~ 1.5	
已锚固部位	≤1.2 ~ 1.5	

(7)开挖轮廓质量指标列于表 3-35。

表 3-35　开挖轮廓质量指标

项目	马道	边坡		建筑物基础
		全、强风化层	马道	
平面(cm)	20	50	25	15
高程(cm)	15	30	20	10
起伏差(cm)		不大于 20		
坡度(°)		不陡于设计坡度		

3　爆破质量控制方法和流程

3.1　监理单位对爆破开挖质量控制主要是"动态控制"和"重点控制"相结合,预裂爆破或光面爆破是事前控制与事后控制构成复合型控制方式,其他如松动爆破主要是事前控制。

3.2　监理单位依据施工承包单位,按合同要求进行爆破试验,对取得的爆破参数和施工方法进行控制,并根据实际爆破情况结合岩石特性进行调整。

3.3　爆破质量控制流程见图3-5。

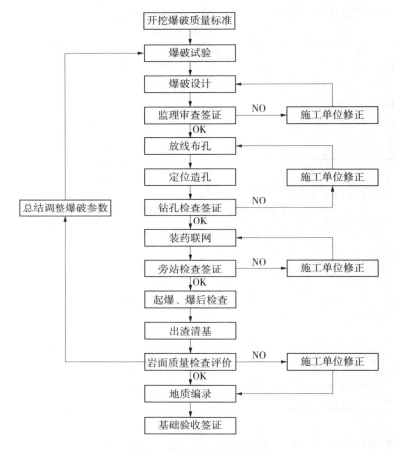

图 3-5　爆破质量控制流程图

4　爆破开挖质量控制措施

4.1　质量保证体系

（1）施工单位应建立健全开挖爆破的质量保证体系。开挖爆破实施过程中施工单位的质检人员必须采取全过程控制。

（2）重要工序,施工单位必须通过初检、复检、终检"三检"合格,由终检人员提交"三检"结果,报监理单位签证确认。未经"三检"的部位,监理应拒绝检查签证。

（3）施工单位的各级质检人员，应由有工程实践经验的爆破技术人员承担。

（4）钻、爆操作人员，必须是有实践经验的技工和经过技术培训合格的人员，持证上岗。如发现无证上岗或出现责任事故，监理工程师将责令施工单位作出严肃处理。

4.2　施工承包单位编制的开挖爆破技术要求和爆破设计，须经本单位校、审报监理单位审批后才能实施。在爆破开挖实施过程中，由于地质条件变化需修改爆破设计、调整爆破参数时，应及时通知监理单位组织有关人员研究确认，否则施工承包单位要承担一切后果和损失。爆破设计报审内容包括钻孔平面布置图、爆破网络图、装药结构图和表 3-36 ~ 表 3-38 所列项目。

表 3-36　预裂（光面）爆破参数表

施工单位：　　　　　　　　　　　　　　　　　　　　　　编号：

单位工程			分部工程			分项工程		
工程部位			起止桩号			高程		

孔号	孔口高程（m）	孔底高程（m）	孔斜（°）	孔径（mm）	孔距（m）	孔深（m）	药卷直径（mm）	不偶合系数	线装药密度（kg/m）	孔底加强段线装药密度（kg/m）	堵塞段以下减弱线装药密度（kg/m）	堵塞段长度（m）

　　　　　　　　　　　　　　　　　　　　　　　　　　　　　年　　月　　日

表 3-37　开挖工程梯段爆破参数表

施工单位：　　　　　　　　　　　　　　　　　　　　　　编号：

单位工程			分部工程			分项工程		
工程部位			起止桩号			高程		

孔号	梯段高度（m）	孔口高程（m）	孔底高程（m）	孔斜（°）	孔径（mm）	孔深（m）	孔距（m）	排距（m）	单耗（kg/m³）	炸药种类	单孔药量（kg）	最大一段单响药量（kg）	堵塞段长度（m）	总装药量（t）	总方量（m³）	延米爆破量（m³/m）

　　　　　　　　　　　　　　　　　　　　　　　　　　　　　年　　月　　日

表 3-38　××号水电站工程爆破设计签证表

爆破单位	爆破日期	高程	桩号：　　X：
			Y：

审批单位	意见	日期
施工 单位		
指挥部		
监理		

4.3　为保护设计界面爆破开挖质量，每道工序控制措施

4.3.1　爆破材料进货

（1）开挖爆破的火工材料，进货时必须要有出厂合格证、测试资料和标签。

（2）施工单位对每批火工材料，特别是新厂、新型材料应按规定抽样检查试验，确定材料合格后方可使用。

（3）火工材料的装运、存放，必须严格遵守有关规定，严禁雷管与炸药混装、混放，雷

管炸药装卸、存放时要注意安全,严禁抛掷。

4.3.2　造孔定位与钻进

（1）依据施工图和施工控制网点测量放线定位。

（2）架设导轨和安装机具,检查孔距、钻具倾角与倾向,光爆孔重点检查拐点处的钻孔角度。

（3）钻进过程中,注意调整钻孔压力,防止钻压过大造成飘孔,并作好记录,特别是岩性（粉）变化的位置、高程。

（4）起钻后,检查孔深并作好孔口保护,防止岩粉倒灌。

4.3.3　装药与起爆网络

（1）为使爆破开挖达到预期效果,施工承包单位应对爆破网络进行试验检查。

（2）根据钻进速度及岩粉性状,分析钻孔各段的岩性变化,调整线装药密度。

（3）装药前清除孔口岩粉后再取出孔口保护装置,并检查钻孔深度,保证装药到位。

（4）爆破参数与起爆网络接线检查。

（5）填写好施工记录和质检记录（见表3-39和表3-40）。

表3-39　预裂（光面）爆破钻孔、装药质量检查记录表

施工单位：　　　　　　　　　　　　　　　　　　　　　　编号：

单位工程		分部工程		分项工程	
工程部位		起止桩号		高程	
孔号	设计孔深（m）	实测孔深（m）	设计孔距（m）	实测孔距（m）	设计孔斜（°）	实测孔斜（°）	设计单孔药量（kg）	实际单孔装药量（kg）

检测：　　　　　校核：　　　　　审查：　　　　　　年　月　日

表 3·40　爆破工程施工记录表

部位：　　　　桩号：　　　　日期：　　　　爆区编号：

钻孔编号	设计孔深(m)	孔口高程(m)	实测孔深(m)	设计倾角(°)	实测倾角(°)	钻孔直径(mm)	设计孔距(m)	设计排距(m)	实测孔距(m)	实测排距(m)	测孔签名	炸药品种	药卷直径(mm)	装药量(kg)	药量分配(kg)	堵塞长度(m)	装药人签名

爆区孔位示意图

爆破网络示意图

联网人签名：

其他：

起爆方法：

段数：

单位耗药量(kg/m³)

最大一段药量(kg)

总装药量(kg)

雷管(个)

导火索(m)

作业队技术员：

说明：1. 此表为三级质检及监理验收的依据,验收时必须带到现场。

2. 爆区的每一个孔都应有详细的记录,具体编号如:5 排 3 号,也记作"5-3"。

4.3.4　设计界面质量检查

爆破开挖后应对设计界面质量进行检查,主要内容包括开挖面的平整度、相邻钻孔起伏差、钻孔偏斜及半孔率等的量测统计。如有要求时,还应对梯段爆破岩石块度进行量测统计(见表3-41)。

表3-41　预裂(光面)爆破质量检查记录表

施工单位:　　　　　　　　　　　　　　　　　　　　　　　　　　　编号:

单位工程			分部工程			分项工程		
工程部位			起止桩号			高程		
孔号	孔深(m)	半孔痕长度(m)	爆破裂隙		相邻两炮孔平整度(cm)	钻孔孔底偏差		
			宽(mm)	长(mm)		左右(cm)	深(cm)	

检测:　　　　　　校核:　　　　　　审查:　　　　　　　　年　　月　　日

4.3.5　开挖爆破

施工承包单位在开挖爆破时,重要地段应进行爆破监测,如振动速度、衰减系数等,以便评价爆破对地基的影响程度。

5　爆破开挖质量检查签证

5.1　监理单位对设计界面布孔测量放线定位抽检,按工程测量监理实施细则规定执行。

5.2　监理单位对爆破开挖工序的质量控制,包括造孔、装药、爆破岩面等采用旁站监理跟踪检查监督。在施工承包单位自检的基础上,检查签证(见表3-42～表3-44)。

表 3-42　爆破开挖钻孔质量检查表

施工单位：　　　　　　　　　　　　　　　　　　　　　　　　编号：

单位工程			分部工程			分项工程		
工程部位			起止桩号			高程		

检查项目	设计值			允许偏差			检查情况	备注
	主炮孔	缓冲孔	预裂孔或光爆孔	主炮孔	缓冲孔	预裂孔或光爆孔		
钻孔数								
梯段高程(m)								
孔径(mm)								
排距(m)				±0.2	±0.2			
孔距(m)				±0.2	±0.2	±0.1		
倾斜度(°)				±3	±1	±1		
孔深(m)				-0.2	0.2	+0.05 -0.1		

施工单位检查意见：

初检：　　　年　月　日　复检：　　　　年　月　日　终检：　　　　年　月　日

质量检查意见：

监理单位：　　　　　　　年　月　日

表 3-43　爆破开挖装药质量检查表

施工单位：　　　　　　　　　　　　　　　　　　　　　　　　编号：

单位工程				分部工程				分项工程	
工程部位				起止桩号				高程	
检查项目		设计值			允许偏差			检查情况	备注
		主炮孔	缓冲孔	预裂孔或光爆孔	主炮孔	缓冲孔	预裂孔或光爆孔		
线装药密度（g/m）	上								
	中								
	下								
堵塞长度(m)									
总装药量(kg)									
单孔药量(kg)									
最大一段起爆药量(kg)					≤100	≤80	≤50		

施工单位检查意见：

　

初检：　　　年　月　日　复检：　　　　年　月　日　终检：　　　　年　月　日

质量检查意见：

　

监理单位：　　　　　　　　　年　　月　　日

表 3-44　爆破设计界面质量观测检查表

施工单位：　　　　　　　　　　　　　　　　　　　　　　　　　　　　编号：

单位工程		分部工程		分项工程	
工程部位		起止桩号		高程	

检查项目	检查标准	检查情况	备注
不平整度	相邻两炮孔≤15 cm		
钻孔偏差（左右）	<孔距的 1/2		
半孔痕率	节理裂隙不发育:95% 以上 节理裂隙较发育:80% 以上 节理裂隙很发育:50% 以上 节理裂隙极发育:10% ~ 50%		
爆破裂隙	不应有明显的爆破裂隙		
轮廓线测量	符合设计要求		

施工单位检查意见：

初检：　　　年　月　日　复检：　　　　年　月　日　终检：　　　　年　月　日

质量检查意见：

　　　　　　　　　　　　　　　　　　　　　　　监理单位：　　　　　　　年　　月　　日

5.3 爆破设计、造孔、装药、岩面清理等重要工序没有检查签证,不得进入下道工序的施工。施工承包单位未按监理单位审批的爆破设计和技术规定施工,或操作有误可能导致质量事故,监理单位有权令其停工检查改进,以保证施工质量与安全。

6　施工爆破安全规定

爆破安全涉及人民生命财产,必须严加控制。施工过程中应始终坚持贯彻"安全第一、预防为主"的方针,具体做法执行《××水电站开挖爆破安全统一管理办法》和《爆破安全规程》及有关文件。

第十四节　工程锚喷支护监理实施细则

1　总　　则

1.1 本细则适用于××水电站边坡及基础工程锚喷支护,其他工程的锚喷支护工作亦可参照执行。

1.2 本细则的编制依据是施工设计图纸和技术要求以及《水电水利工程锚喷支护施工规范》(DL/T 5181—2003)和国家标准《锚杆喷射混凝土支护技术规范》(GB 50086—2001)等。

2　施工程序

2.1 承包人在进行锚喷支护前,应进行生产性试验,编制施工组织措施计划,报监理部审批后呈业主备案。

2.2 锚喷支护的施工程序是:修整—承包人自检—地质素描—地质缺陷处理—检查签证—锚杆及排水孔的钻孔与安装—检查签证—挂网—岩面清洗—开仓签证—喷混凝土—养护—单元工程验收。

2.3 岩面清理前,应进行洞顶危石处理和两侧的浮渣清理,确保围岩支护施工安全。

3　岩面修整及地质缺陷处理

3.1 锚喷岩面开挖轮廓限差应符合设计院有关基础开挖技术要求的规定。

3.2 基础最终开挖轮廓,不得欠挖;超挖不应超过表 3-45 所列规定。

表 3-45　基础和边坡超挖限值

项目	大坝基础	厂房基础	边坡	
			岩石	全强风化层
平面(cm)	20	20	30	50
高程(cm)	20	20	20	30

3.3　坡面起伏差经整修后,一般不应大于 4 cm。

3.4　开挖施工中,若发现新的夹层、断层、大裂隙,明显的地下水露头或渗水点等,应及时通知监理部,经地质鉴定,由设计单位提出处理方案后,由监理部签发实施。承包人应详细记录处理结果,按质量管理程序验收。

4　锚　杆

4.1　锚杆施工包括系统锚杆、随机锚杆、局部加强锚杆和挂网锚杆等。

4.2　锚孔位、倾角、方向及孔深应进行严格的测量放点、控制、检查,开孔偏差和钻孔偏斜均应满足设计要求及规范规定。承包人应作出施工记录,监理部进行抽检复查。

4.3　边坡及围岩支护砂浆锚杆,其钻孔孔径应比锚杆直径大 15 mm;锚杆孔的终孔直径应不小于 40 mm。

4.4　锚杆所用材质和规格均应符合设计要求,并要有出厂合格证。承包人应进行抽检试验,合格后方可使用。

4.5　锚杆所用砂浆不应低于设计标号,砂浆配合比要做生产性试验,应满足设计和有关规范的要求。锚杆填浆的施工工艺和注浆方式应报监理部审批。

4.6　砂浆配制所用水泥、砂子均应符合设计要求和规范规定。砂浆的拌制和施工时间限制也应遵照规范要求。

4.7　锚杆孔内岩粉和积水必须清理干净,经质检人员检查验孔后,才能注浆安装。关键部位的锚杆安装监理部全程监控。

4.8　砂浆锚杆应用注浆机注浆,严禁人工填浆。锚杆施工应先注浆、后安装,注浆必须饱满。如插杆后孔口无浆或孔口人工抹浆,该锚杆将视为无效锚杆。

4.9　锚杆砂浆所用水泥中不得含有腐蚀锚杆的化学成分。

4.10　锚杆安装后,在砂浆终凝之前,不得敲击、碰撞、拉拔或承受其他外加荷载。

5　排水孔

5.1　排水孔开孔偏差不得大于 10 cm,孔轴偏差不得大于 2°。孔深不得小于设计孔深要求。

5.2　排水孔必须经监理部抽查合格后,方可安设孔口管。孔口管要安装牢固,喷混凝土时要做好管孔保护。

6　喷射混凝土

6.1　边坡喷射混凝土作业前,承包人应根据设计要求和施工场区地形、地质条件,编制喷射混凝土作业实施计划,报监理部审批。其内容包括:

　　(1)施喷混凝土区域的划分;

　　(2)喷射程序;

　　(3)喷混凝土机具的准备情况;

（4）操作人员的组织、培训和上岗要求等。

6.2　喷混凝土所用原材料、外加剂均应符合设计要求和有关规范的规定。承包人应提出材料试验成果，报监理部审批，监理部进行抽检和现场监控。

6.3　喷混凝土应做配合比设计。配合比设计和试验成果应报监理部审核。

6.4　边坡喷混凝土工作面的划分、坡面清理、喷层厚度、间隔时间，应按规范和设计要求作出施工技术措施计划。

6.5　因地质情况复杂或设计要求采用挂钢筋网喷射混凝土时，应按挂网喷射混凝土规范要求，分层喷射。钢筋网必须用喷混凝土覆盖，并要有一定的保护层厚度。

6.6　喷混凝土仓面，必须经过清理验收后方可施喷。

6.7　围岩及边坡喷混凝土前，必须埋设必要的控制喷层厚度的标志。喷层实际厚度还应符合规范要求。

6.8　喷混凝土应分段自下而上进行，不得自上而下喷射。反弹混凝土料必须及时清理干净。不准出现反弹混凝土挂坡堆集现象。

6.9　喷射混凝土终凝 2 h 后，按规范要求喷水养护。

6.10　喷射混凝土终凝至下一循环的放炮间隔时间不得少于 3 h，以防喷层破坏。

6.11　喷混凝土结束后，应按设计和规范要求进行全面检查。做好检查记录，为工程验收做好资料准备。

6.12　边坡清理检查，开仓喷射混凝土时，监理部应进行现场巡视检查和签证。关键部位和工序，监理部应跟踪检查，及时解决施工中遇到的问题，并做好监理日志和施工质量控制资料的收集与整理工作。

6.13　监理部在抓质量的同时，还应抓工程进度，及时协助解决承包人在施工中遇到的困难与问题。

7　锚喷支护工程检查验收签证的规定

7.1　锚喷工程基础面、地质缺陷处理、锚杆、排水孔、喷混凝土施工，各工序均应进行检查验收签证，检查签证工作由监理部组织，设计、承包人参加，重要部位应邀请业主参加，验收标准按设计图纸及相关规程规范要求进行。

7.2　锚喷支护工程各工序检查验收签证内容及检查签证表格式按以下规定执行：

（1）工程边坡基础面地质缺陷处理表（见表 3-46）；

（2）工程边坡锚杆质量检查表（见表 3-47）；

（3）边坡锚喷支护开仓证（见表 3-48）；

（4）喷混凝土工程质量评定表（见表 3-49）。

表 3-46　　工程边坡基础面地质缺陷处理表

承包人：　　　　　　　　　　合同编号：　　　　　　　　　编号：

单位工程名称或编码		分部工程名称或编码	
分项工程名称或编码		验收单元工程(工序)	
申请开工工程(工序)		施工时段	
施工依据			
施工缺陷鉴定	监理工程师：　　　　　　　　　　　　　　　　　年　　月　　日		
地质缺陷鉴定	设计代表：　　　　　　　　　　　　　　　　　　年　　月　　日 地质代表：　　　　　　　　　　　　　　　　　　年　　月　　日 监理工程师：　　　　　　　　　　　　　　　　　年　　月　　日		

表3-47　工程边坡锚杆质量检查表

承包人：　　　　　　　　　　　　　　　　　　　　　　　　　　编号：

工程项目		分部分项	
起止桩号		高程	
围岩类别			

设计图纸、通知：
施工方法、设备：

锚杆孔径(mm)		孔深(m)		冲孔质量	
锚杆规格型号：		锚杆长度(m)			
锚杆孔排距(m)					
水泥品种、强度等级		外加剂		砂浆配合比	
锚杆外头处理					
施加预应力(t)					
孔位合格率(%)		孔深合格率(%)		孔向合格率(%)	

编号	1	2	3	4	5	6	7	8	9	10	11	12	13	14	15	16	17	18	19	20	21	22
孔位																						
孔深																						
孔向																						
编号	23	24	25	26	27	28	29	30	31	32	33	34	35	36	37	38	39	40	41	42	43	44
孔位																						
孔深																						
孔向																						

施工单位检查意见	初检：　　　年　月　日　复检：　　　　年　月　日　终检：　　　　年　月　日
监理单位检查意见	监理部：　　　　　　　　　　　　　　　　　　　　年　　月　　日

表 3-48　边坡锚喷支护开仓证

承包人：　　　　　　　　　　　　　　　　　　　　　　　　　　　　编号：

工程项目		分部分项	
起止桩号		高程	
施工依据		围岩类别	
承包人自检情况	锚杆	材料品种与质量 混凝土配合比	
	排水孔	水泥	
	挂网	速凝剂	
	分缝处理	砂子	
	仓面冲洗	砾石	

<table>
<tr><td rowspan="2">承包人自检情况</td><td colspan="3">施工申请意见：

</td></tr>
<tr><td colspan="3">初检：　　　　年　月　日　复检：　　　　　年　月　日　终检：　　　　年　月　日</td></tr>
<tr><td rowspan="2">监理部检查意见</td><td colspan="3">监理签证意见：

</td></tr>
<tr><td colspan="3">监理部：　　　　　　　　　　　　　　　　　　　　　　　年　月　日</td></tr>
</table>

表 3-49　喷混凝土工程质量评定表

承包人：　　　　　　　　　　　　　　　　　　　　　　　编号：

工程项目			分部分项	
起止桩号			高程	
项目	质量标准			
	优良	合格		
混凝土配合比检测	完全符合设计配合比	符合设计配合比		
混凝土强度	达到设计强度	达到设计强度		
混凝土养护	14 d 湿润、28 d 养护	14 d 湿润、28 d 一般		
混凝土外观	平整、无干斑、不疏松	粗糙、局部有干斑		
混凝土表面整体性	无裂缝、脱空	个别处有细微裂缝		
混凝土层均匀性	无夹层、包砂	个别处有夹层		
混凝土层密实情况	无渗水、滴水	个别点有渗水		
混凝土厚度	厚度不小于设计厚度	平均厚度为设计厚度的 0.9		

承包人终检意见：

初检：　　　年 月 日　复检：　　　年 月 日　终检：　　　年 月 日

监理部检查意见：

监理部：　　　　　　　　　　　　　　　　　　　　　　　年　月　日

第十五节　混凝土工程质量监理实施细则

1　总　　则

1.1　本细则适用于××水电站工程施工承包合同常态混凝土工程项目。其他附属工程项目可参照执行。

1.2　本细则依据设计技术要求、施工承包合同、《水工混凝土施工规范》(DL/T 5144—2001)、《粉煤灰混凝土应用技术规范》(GBJ 249—84)、《水工混凝土外加剂技术标准》(DL/T 5100—1999)、《水工混凝土试验规程》(DL/T 5150—2001)、《水利水电基本建设工程单元工程质量等级评定标准(一)水工建筑》(SDJ 249—88)及有关规程、规范、规定和标准编制。

1.3　本细则着重于混凝土工程施工阶段的质量控制,包括施工准备和施工过程。

1.4　单元工程根据设计分缝和验收分区划分。以每一施工区段、浇筑仓号块为一个单元工程。

2　施工准备工作质量控制

2.1　承包人必须推行全面质量管理,建立质量保证体系,设置质检机构,配备专职质检员,建立质量检查控制与内部监督的各项规章制度,并报监理部审核。

2.2　承包人须建立现场材料实验室,对整个施工过程中所采用的建筑材料、塑性混凝土等进行取样试验。实验室的设置情况、人员配备情况和仪器设备清单须报监理部审查确认。

2.3　承包人须在开工前28 d内,将混凝土工程施工组织措施及计划报监理部审查。施工组织措施及计划包括下列主要内容:

(1)工程概况:包括申请开工部位,混凝土分区及设计技术要求,混凝土温控要求,设计工程量,浇筑开仓平、剖面,以及必要的混凝土浇筑布置与工序流程图;

(2)浇筑程序:包括浇筑作业工序、分段、分缝、分块、分层及止排水、预埋件、观测仪器等安装埋设详图等;

(3)浇筑进度:包括工期安排、循环进度和浇筑强度;

(4)原材料品质:包括砂石骨料、用水、水泥、钢材及外加剂等;

(5)混凝土生产:包括级配、配合比、外加剂掺量、坍落度、允许间歇时间及拌和时间等;

(6)施工方法:包括设缝、模板、钢筋及止排水、预埋件、冷却、灌浆及观测仪器等安装埋设,混凝土运输、入仓、平仓、振捣手段,构件保护,混凝土的养护、拆模等;

(7)施工设备的配置及劳动力组织;

(8)质量控制和安全措施。

2.4　审查承包人提交的建筑材料的材质证明包括水泥、粉煤灰、外加剂、钢材、止水片等的生产厂家、产品说明、产品质量证明书或试验报告单或合格证等及抽检检验合格证,并在 3 ~ 5 d 内完成必要的复验,合格后予以签证确认。

2.5　承包人根据混凝土设计要求,在单项工程开工前 14 d,应将各种混凝土配合比设计试验报告包括原材料质量与品质试验成果及混凝土 3 d、7 d、28 d 或可能更长龄期的试验结果,报监理部审查批准。如果设计标号采用 90 d 或 180 d 龄期的后期强度,承包人应提出 90 d 或 180 d 龄期与 28 d 龄期抗压强度比值,以 28 d 龄期强度作为混凝土施工控制指标。

2.6　混凝土生产过程中,承包人必须对原材料的质量进行检测与控制。现场原材料的检测项目和数量须按下述要求进行检验:

(1)水泥。每 200 ~ 400 t 同品种、同标号的水泥为一取样单位,如不足 200 t 也作为一个取样单位。检测项目有水泥标号、凝结时间、安定性,必要时,应增加比重、细度、稠度和水化热试验及矿化分析等(见表 3-50)。

表 3-50　水泥检验报告表

检测单位:　　　　　　　　　　合同编号:　　　　　　　　　编号:

分项工程				工程部位	
厂家标号品种				取样日期	
序号	检查项目			检验结果	附记
1	比重				
2	细度	80 μm 方孔筛筛余量(%)			
		比表面积(m²/kg)			
3	标准稠度(%)				
4	凝结时间	初凝(h:min)			
		终凝(h:min)			
5	安定性				
6	强度(MPa)	抗折强度	( )d		
			( )d		
			( )d		
		抗压强度	( )d		
			( )d		
			( )d		
7	水化热(J/g)		( )d		
			( )d		
			( )d		

校核:　　　　　　　计算:　　　　　　　试验:　　　　　　年　　月　　日

袋装水泥储运时间超过 3 个月、散装水泥超过 6 个月,使用前应重新检验。

(2)粉煤灰。每 100 ~ 200 t 应检测其比重、细度、烧失量、需水量比、28 d 强度比、SO_3含量、含碱量等(见表 3-51)。

对于细度和需水量比,每天至少应检查一次。连续 10 个样品中,其个别样品的细度与平均值相差应不大于 10% ~ 15%。

表 3-51　粉煤灰品质检验报告表

检测单位：　　　　　　　　　　　　　　　　　　　　　　　　编号：

生产厂家			产品日期		
取样地点			取样日期		
序号	检测项目	检测结果	国标（GB 1596—91）		备注
			Ⅱ级灰	Ⅰ级灰	
1	比重				
2	细度（0.045 mm 筛余量）（%）		≤20	≤12	
3	需水量比（%）		≤105	≤95	
4	烧失量（%）		≤8	≤5	
5	SO_3含量（%）		≤3	≤3	
6	28 d 强度比（%）				
7	含碱量（%）		≤1.5	≤1.5	

校核：　　　　　计算：　　　　　　试验：　　　　　　年　月　日

（3）粗骨料。每季度应对粗骨料进行一次全分析检查，每 1 500 t 至少取一个试样。其检测项目包括比重、吸水率、含泥量、针片状物质含量、有机物含量、SO_3含量、超逊径含量（见表 3-52）。

表 3-52　粗骨料检测试验记录表

检测单位：　　　　　　　合同编号：　　　　　　　　编号：

分项工程					工程部位			
取样地点					试验日期			
最大粒径（mm）	超径（%）	逊径（%）	含泥量（%）	吸水率（%）	有机物含量（%）	针片状物质含量（%）	SO_3含量（%）	软弱颗粒含量（%）
备　注								

单位负责人：　　　校核：　　　　　计算：　　　　　试验：　　　　　年　月　日

对于粗骨料超逊径,每天至少检查一次,表面含水率每班应检查两次,变化控制在 ±0.2% 以内。必要时还需检验含泥量是否满足规范要求。

(4)砂料。每季度应对砂料进行一次全分析检查,每 500 t 至少取一个试样。其检测项目包括比重、吸水率、细度模数、含泥量(石粉含量)、云母含量、SO_3 含量、有机物含量、坚固性(见表 3-53)。

表 3-53 砂料检测试验记录表

检测单位: 合同编号: 编号:

分项工程			工程部位	
取样地点			试验日期	
颗粒级配				

筛孔尺寸(mm)	筛余量(g)		平均筛余量 (g)	累计筛余量 (g)
	1	2		
10				
$5.0A_1$				
$2.5A_2$				
$1.25A_3$				
$0.63A_4$				
$0.315A_5$				
$0.16A_6$				
<0.16				

$$F \cdot M = \frac{A_2 + A_3 + A_4 + A_5 + A_6 - 5A_1}{100 - A_1}$$

吸水率(%)		有机物含量(%)	
含泥量(%)		SO_3含量(%)	
比重			

单位负责人: 校核: 计算: 试验: 年 月 日

对于砂料细度模数,每天至少检查一次,表面含水率每班应检查两次,变化控制在 ±0.5% 之内。

(5)外加剂。减水剂浓缩物以 5 t 为一取样单位,加气剂以 200 kg 为一取样单位。检测项目包括减水率、凝结时间、抗压强度比(3 d、7 d、28 d、90 d)、抗冻标号(有抗冻要求掺加气剂的混凝土)(见表 3-54)。

对配制的外加剂溶液浓度,应每天检查一次。严禁使用因停放时间过长而变质的外加剂。

(6)钢筋。同一批号、同一截面尺寸的钢筋,每 60 t 为一取样单位,不足 60 t 时也应检测一次。其检测项目包括屈服强度、抗拉强度、断后伸长率、断面收缩率、冷弯试验(见表 3-55)。

(7)钢筋焊接。在钢筋加工前至少 14 d,承包人应提交拟采用的焊接程序、电焊条和电焊设备的详细资料,报监理部审查批准。

表 3-54　掺有外加剂的混凝土性能检验记录表

检测单位：　　　　　　　　　　　合同编号：　　　　　　　　　　　编号：

试件编号	外加剂		减水率（%）	泌水率（%）	含气量（%）	凝结时间（h：min）		抗压强度（MPa）				抗压强度比（%）			
	品种	掺量（%）				初凝	终凝	3 d	7 d	28 d	90 d	3 d	7 d	28 d	90 d
1	空白														
2															
3															
4															
国家要求合格品	普通减水剂		>5	<100	<4.0	−1：00～+2：00	−1：00～+2：00					>110	>110	>105	>100
	高效减水剂		>10	<100	<4.0	−1：00～+2：00	−1：00～+2：00					>125	>120	>115	>100
	加气剂		<6	<80	3.5～5.5	−1：00～+1：00	−1：00～+1：00					>80	>80	>80	>80

校核：　　　　　　　　计算：　　　　　　　　试验：　　　　　　　　年　　月　　日

　　焊接的钢筋应做好焊接工艺试验，对每一种焊接程序，应按实际焊接种类、焊接条件，试焊两个拉力试件及两个冷弯试件，在试验结果符合要求后，才允许正式施焊。若对焊接质量有怀疑，监理部可根据实际情况随时抽检，抽检钢筋的长度不应小于 100 cm。

2.7　对于不合格的材料，监理部有权通知承包人停止使用或降低使用等级，承包人不能由此要求增加工程支付。

2.8　承包人应按照经监理部审查批准的施工措施计划作业，调整、修订施工作业程序、方法或进度计划，或调整混凝土原材料与配合比等，属于对施工措施计划的实质性变更，均应在事先征得监理部同意并有签证手续后，才允许在施工中实施。

2.9　混凝土施工质量的检查记录、混凝土及其原材料的检测试验资料、验收签证资料、质量等级评定等，是工程竣工验收及其质量等级评定的依据，必须认真收集，及时分类整理、汇总归档。

3　施工过程质量控制

3.1　承包人在单元工程开工前，须根据《水利水电基本建设工程施工质量检验与评定规程》（SL 176—2007）的规定，办理单元工程开工（仓）签证手续。

3.2　单元工程在混凝土浇筑开仓前 2 d，承包人应提交浇筑仓面边线及模板安装实际放线成果并进行复核，监理部可以直接监督承包人进行对照检查或复测检查。

3.3　混凝土在浇筑开仓前 3～24 h，施工承包人应通知监理部对开仓准备工作进行检查。检查内容包括：

　　（1）地基或混凝土施工缝面检查，检查内容和质量标准见表 3-56。

　　（2）模板安装。①模板安装后须有足够的稳定性、刚度和强度；②模板表面应光洁平整，接缝严密，不漏浆；③模板安装的允许偏差见表 3-57。④高速水流区、溢流面、闸墩、门

表 3-55　钢筋力学性能检验记录表

检验单位：　　　　　　　　　　　　　　　　　　　　　　　　　　　　编号：

分项工程					工程部位			取样地点			
厂家规格品种					合同编号：			试验日期			

试件编号	拉伸试验								弯曲试验				备注
	直径 (mm)	屈服力 F_g (kN)	屈服点 σ_g (MPa)	最大力 F_b (kN)	抗拉强度 σ_b (MPa)	原始标距 L_0 (mm)	断后标距 L_1 (mm)	断后伸长率 δ_b (%)	试件编号	弯心直径 ($d=a$) (mm)	弯心角度 α(°)	检验结果	

检验：　　　　　　　　计算：　　　　　　　　试验：　　　　　　　　校核：　　　　　　　　年　月　日

槽和尾水管道等要求较高的特殊部位,其模板的允许偏差,除参照表3-57要求外,还必须符合有关专项设计的要求。

(3)钢筋布设。①钢筋安装位置、规格尺寸及数量、保护层厚度须符合设计图纸要求。②钢筋表面清洁,无鳞锈、锈皮、油漆、油渍等。③焊接中不允许有脱、漏焊点,焊缝表面或焊缝中没有裂纹(或裂缝),焊缝表面平顺,没有明显的咬边、烧伤、凹陷及气孔夹渣等。④搭接或帮条的焊缝长度及绑扎接头的最小搭接长度应满足规范要求。⑤钢筋接头应分散布置,在同一截面内的受力钢筋,其接头的截面面积占受力钢筋总截面面积的百分率应符合规范规定。⑥钢筋安装的允许偏差见表3-58。

表 3-56 地基或混凝土施工缝面检查内容和质量标准

项次		项目	质量标准
1		基础表面	
	(1)	建基面	地质符合设计要求,无松动岩块
	(2)	地表水和地下水	妥善引排或封堵
	(3)	岩面浇筑	清洗洁净,无积水,无积渣杂物
2		混凝土施工缝面	
	(1)	表面处理	松散或有缺陷混凝土处理,无乳皮,成毛面
	(2)	表面清洗	清洗洁净,无积水,无积渣杂物
3		软基面	
	(1)	建基面	地质符合设计要求
	(2)	建基面清理	无乱石、杂物,坑洞分层回填夯实
	(3)	垫层铺填	符合设计要求

表 3-57 模板安装的允许偏差

项次	项目	允许偏差(mm)		
		外露表面		隐蔽内面
		钢模	木模	
1	相邻两板面高差	2	3	5
2	局部不平(用2 m直尺检查)	2	5	10
3	板面缝隙	2	2	2
4	结构物边线与设计边线	10		15
5	结构物水平断面内部尺寸	±20		
6	承重模板标高	±5		
7	预留孔、洞尺寸及位置	±10		

表 3-58　钢筋安装的允许偏差

项次	项目	允许偏差
1	钢筋长度方向的偏差	±1/2 净保护层厚
2	同一排受力钢筋的局部偏差	
	（1）柱及梁中	±0.5 钢筋直径
	（2）板、墙中	±0.1 间距
3	同一排中分布钢筋间距的偏差	±0.1 间距
4	双排钢筋，其排与排间距的局部偏差	±0.1 排距
5	梁与柱中箍筋间距的偏差	0.1 箍筋间距
6	保护层厚度的局部偏差	±1/4 净保护层厚

（4）冷却、灌浆与排水系统布置。冷却、灌浆与排水系统的形式、位置、尺寸及材料品种、规格等应符合设计要求。

管子表面无鳞锈、锈皮、油漆和油渍等，管路畅通，接头严实。

（5）止水设施安装。①止水设施形式、位置、尺寸及材料品种、规格等应符合设计规定；②金属止水应平整，表面的浮皮、锈污、油漆、油渍均应清除干净，如有砂眼、钉孔，应予焊补；③金属止水片搭接长度不小于 20 mm，且须双面氧焊；④金属止水片在伸缩缝中的部分应涂（填）沥青；⑤塑料止水片和橡胶止水的安装应采取措施防止变形和撕裂；⑥止水片深入基岩的尺寸须符合设计要求；⑦止水沥青井，井柱尺寸及安装位置符合设计要求，沥青井中电热元件安装位置准确、牢固，不短路，埋设的金属管路畅通，沥青应随坝段升高逐段灌注，不得全井一次灌注沥青。

（6）伸缩缝处理。①采用的沥青油毛毡厚度及铺贴层数应符合设计要求；②伸缩缝表面应洁净干燥，蜂窝麻面处理填平，外露施工铁件割除；③沥青油毛毡铺设均匀平整，接头应采用斜接，沥青涂料均匀，无气泡及隆起现象。

（7）观测仪器、设备及预埋件安装。①观测仪器、设备及预埋件应符合设计要求，安装方法应按照有关的规程或要求进行；②仪器和电缆埋设完毕后，应详细记录施工过程，及时绘制竣工图；③预埋仪器的规格、数量、高程、方位、埋设深度及外露长度均应符合设计要求。

（8）其他必须检查的项目内容等。

3.4　在开仓签证办理后 24 h 内未浇筑混凝土时，此次开仓证作废，应重新验收签发开仓证。

3.5　承包人必须严格按照经监理部审核批准的实验室签发的配料单进行混凝土的配制。

3.6　承包人按照配料单进行混凝土配制时，必须严格对各种原材料的用量进行称量，称量偏差不得超过有关规程规范的要求。

3.7　承包人必须严格控制混凝土的拌和时间。加料程序与拌和时间应通过试验确定或不得少于规范要求的拌和时间。

3.8　承包人应严格控制混凝土的浇筑质量。其质量控制与检查内容有：

（1）砂浆垫层。①在浇筑混凝土之前，必须在施工缝表面或基岩面上先铺一层 2~3 cm 厚的砂浆，且均匀平整、无漏铺，若不铺水泥砂浆，应有专门论证；②砂浆强度不小于新浇混凝土的强度；③砂浆的水灰比应小于新浇混凝土的水灰比，但砂浆稠度应便于铺摊均匀。

（2）混凝土浇筑。①混凝土的浇筑应按一定厚度、次序、方向、分层进行，在高压钢管、竖井、廊道等周边浇筑混凝土时，应使混凝土均匀上升；②浇筑层厚度应根据拌和能力、运输距离、浇筑速度、气温及振捣器的性能等因素确定，一般不大于 50 cm；③混凝土入仓不应导致骨料分离，且平仓均匀，无骨料集中现象；④浇筑混凝土时，严禁在仓内加水，仓内泌水较多，须及时排除，但严禁在模板上开孔赶水，带走灰浆；⑤应将振捣器插入下层混凝土 5 cm 左右，按顺序依次振捣，不得漏振；⑥每一位置的振捣时间，以混凝土不再显著下沉、不出现气泡，并开始泛浆时为准；⑦保持连续浇筑，无初凝现象。

（3）混凝土养护。①一般应在浇筑完毕后 12~18 h 内开始持续养护 14~18 d。②重要部位和利用后期强度的混凝土，以及在干燥、炎热气候条件下，应提前养护，养护时间不得少于 28 d。

（4）混凝土的模板拆除。①不承重的侧面模板，应在混凝土强度达到 2.5 MPa 以上，并能保证表面及棱角不因拆模而损坏时，才能拆除；②钢筋混凝土的承重模板，至少应达到设计强度的 50% 以上，对于跨度较大的构件，必须达到设计强度的 100%，才能拆除。

3.9　混凝土的缺陷应在拆除后 24 h 内修补完毕，任何蜂窝、凹陷或有缺陷的混凝土，应及时通知监理部，并提出修补、修复措施，经监理部同意后，方能进行处理。

4　其他质量控制要求

4.1　在混凝土拌和场和浇筑仓面，承包人必须有专业的质检人员值班，按规范要求检查混凝土的浇筑质量。检查项目有各种原材料称量、拌和时间和拌和均匀性、坍落度（机口）、含气量（掺加气剂混凝土）、温度测量（原材料温度、机口和仓面混凝土的温度、气温）、混凝土成型试件（机口和仓面）等。

4.2　混凝土施工时，监理部采取跟踪监理，重要部位应采取旁站监理，并随机进行抽样检验，见表 3-59。

4.3　在混凝土生产时，不得以任何理由随意改变和调整配合比，如必须改变配合比，须事先书面报监理部审批后，方可实施。

4.4　承包人必须按月向监理部报送详细的施工记录、施工用材料、混凝土自检结果报告等，其内容包括：

（1）仓位、桩号、浇筑块高，每一仓面浇筑混凝土数量，混凝土强度等级及配合比；

（2）浇筑起迄时间，浇筑温度，养护时间、方式，模板拆除日期；

（3）所用原材料的品种、质量自检结果；

（4）钢材及焊接接头的检验结果；

（5）混凝土试件的试验结果及分析；

（6）每月生产、浇筑混凝土质量分析报表，见表 3-60。

表 3-59　混凝土强度检验记录表

检测单位：　　　　　　　　　　　　　　　　　　　　　　　　　　编号：

分项工程				工程部位			取样地点		
试件编号	试件尺寸（mm）	试件日期	龄期（d）	抗压强度			抗拉强度		
				破坏荷载（kg）	单块强度（MPa）	平均强度（MPa）	破坏荷载（kg）	单块强度（MPa）	平均强度（MPa）

校核：　　　　　　　计算：　　　　　　　　　试验：　　　　　　　年　　月　　日

表 3-60　混凝土强度试验月(季、年)报表

检测单位：　　　　　　　　　　　　　　　　　　　　　　　　　　编号：

分项工程				工程部位					
取样日期	取样地点	试件编号	设计标号	抗压强度（MPa）			抗拉强度（MPa）		抗渗
				7 d	28 d	90 d	28 d	90 d	

取样日期	取样地点	试件编号	设计标号	7 d	28 d	90 d	28 d	90 d	抗渗	抗冻	备注

单位负责人：　　　　校核：　　　　　　　计算：　　　　　　　试验：　　　　　　年　　月　　日

第十六节　砌石工程监理实施细则

1　总　　则

1.1　本细则适用于××水电站施工区域内水电站工程建设监理部监理的浆砌石挡墙和护坡工程。

1.2　本细则编制的依据是业主与工程施工单位签订的施工承包合同及国家颁发的以下规范:

　　(1)《地基与基础工程施工及验收规范》(GBJ 202—83);

　　(2)《砖石工程施工及验收规范》(BJ 203—83);

　　(3)《混凝土工程施工及验收规范》(BJ 204—92);

　　(4)《建筑工程质量检验评定标准规范》(BJ 301—88)。

2　监理职责

2.1　审查承包人施工组织设计,并在施工过程中监督检查实施。

2.2　审查开工报告,检查开工前的各项准备工作,下达开工令。

2.3　检查水泥、砂石料等建筑材料及其出厂质量合格证书,检查各种构配件、设备及其配套设备的质量合格证书。检验报告和试验资料,对主要材料承包人应按规范进行复试,不合格的材料和产品严禁采用。

2.4　审查承包人提供的混凝土、砂浆配合比试验成果,并监督其认真实施。

2.5　审查承包人的自检测试成果,必要时有权责令承包人重新测试。

2.6　审查承包人的工程等测量放线成果,必要时对坐标点进行复核或抽查。

2.7　对隐蔽工程进行检查验收,未经监理部验收签字,承包人不得进行下道工序的施工。

2.8　组织分项、分部工程的验收签证及单项工程的竣工初验,提出质量等级意见。

2.9　提交单位工程初验报告,参与项目竣工验收。

2.10　参与有关设计修改、施工技术核定、合理化建议等项技术的洽商。

2.11　当承包人违反承包合同、设计要求及有关规范、标准和安全操作规程时,监理部有权制止其施工行为,并要求纠正,纠正后经监理部检查认可,才能准予复工。

2.12　协调处理施工中的一般质量事故和安全事故,对重大事故及时报告业主及有关部门,并参与事故的调查研究和处理活动。

2.13　按周、月对施工的进度、工程质量进行评价和核实,及时编写监理月报。

2.14　在工程保修期内,负责定期回访,鉴定质量问题责任,报告业主,督促承包人修理,并做好保修签证。

3　土方工程质量标准

3.1　挖方、填方的轴线位置、断面尺寸、标高应符合设计要求。

3.2　填方及基槽的压实系数(或干容重)应满足设计要求。

3.3　基槽土方工程的允许偏差:

底面标高:0~50 mm。

底面长度、宽度(由设计中心线向两边量):不应偏小。

边坡坡度:按土方工程施工规范放坡,不应偏陡。

3.4　填方压实后的干土质量密度,应有90%以上符合设计要求,其余10%的最低值与设计值的偏差不得大于0.08 g/cm³,且应分散,不得集中。

3.5　沟、槽、坑土方工程质量检验评定标准如表3-61所示。

表3-61　沟、槽、坑土方工程质量检验评定标准

		项目				
保证项目	1	基坑、基槽和管沟基底的土质必须符合设计要求,并严禁扰动				
	2	填方的基底处理必须符合设计要求和施工规范的规定				
	3	填方和基坑、基槽、管沟的回填土料必须符合设计要求和施工规范的规定				
	4	填方和基坑、基槽、管沟的回填必须按规定分层夯实。取样测定压实后的干土质量密度,其合格率不应小于90%,不合格的干土质量密度的最低值与设计值的差不应大于0.08 g/cm³,且不应集中				
允许偏差项目		项目	允许偏差(mm)			
			基坑、基槽、管沟	挖方、填方、场地平整		排水沟	地(路)面基层
				人工施工	机械施工		
	1	标高	+0/-50	±50	±100	+0/-50	+0/-50
	2	长度、宽度	-0	-0	-0	+100/-0	/
	3	边坡偏陡	不允许	不允许	不允许	不允许	/
	4	表面平整度	/	/	/	/	20

4　挡土墙工程、护坡工程

4.1　砌体工程监理流程如图3-6所示。

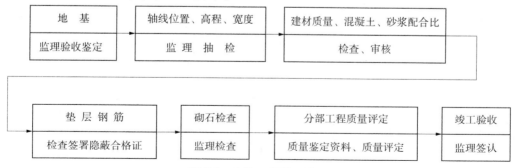

图3-6　砌体工程监理流程

4.2　砌体工程在地基或基础工程验收合格后方可施工。

4.3　砌体工程施工前必须检查轴线和标高、底宽,砌体工程应设置断面尺寸等控制杆线,垫层的施工应符合设计要求。

4.4　石砌体所用的石材应质地坚实,无风化剥落和裂纹,无飞棱并有一面平整。

4.5　石材表面的泥垢、水锈等杂质,砌筑前应清除干净,墙面石尚应色泽均匀。

4.6　石砌体应采用铺浆法砌筑,砂浆稠度宜为 3~5 cm,当气候变化时,应适当调整。

4.7　石砌体的转角处和交接处应同时砌筑,对不能同时砌筑而又必须留置的临时间断处,应砌成斜槎。

4.8　毛石砌体宜分皮卧砌,并应上下错缝,内外搭接,不得采用外面侧立石块中间填心的砌筑方法。

4.9　毛石砌体的灰缝厚度宜为 20~30 mm,砂浆应饱满,石块间较大的空隙应先填塞砂浆后用碎石块嵌实,不得采用先摆碎石块后塞砂浆或干填碎石块的方法。

4.10　砌筑毛石基础的第一批石块应坐浆,并将大面向下,毛石基础的扩大部分,如做成阶梯形,上级阶梯的石块应至少压砌下级阶梯的 1/2,相邻阶梯的毛石应相互错缝搭砌。

4.11　毛石砌体的第一皮及转角处、交接处和洞口处,应选用较大的平毛石砌筑,砌体的最上一皮,宜选用较大的毛石砌筑。

4.12　毛石砌体所用毛石应呈块状,毛石的中部厚度不宜小于 15 cm。

4.13　毛石墙应设置拉结石,同皮间的中距不应大于 2 m。

4.14　每砌 3~4 皮为一个分层高度,每个分层高度应找平一次。

4.15　外露面的灰缝厚度不得大于 40 mm,两个分层高度间的错缝不得小于 80 mm。

4.16　料石挡土墙宜采用同皮内丁顺相间的砌筑形式,当中间部分用毛石填筑时,丁砌料石伸入毛石部分的长度不应小于 20 cm。

4.17　砌筑挡土墙或护坡,应按设计要求收坡或收台,并设置排水孔。

4.18　条石踏步,要按设计要求砌筑。

4.19　挡墙的艺术处理需严格按图施工。

4.20　其他有关事宜,应符合规范规定和设计要求。

4.21　石砌体的尺寸和位置的允许偏差应符合表 3-62 的规定。

表 3-62　石砌体的尺寸和位置的允许偏差

项次	项目	允许偏差(mm)								检验方法
		毛石砌体		料石砌体						
				毛料石		粗料石		半细料石	细料石	
		基础	墙	基础	墙	基础	墙	墙、柱	墙、柱	
1	轴线位移	20	15	20	15	15	10	10	10	用经纬仪、水平仪复查或检查施工测量记录
2	基础和楼面标高	±25	±15	±25	±15	±15	±15	±10	±10	
3	砌体厚度	+30	+20 -10	+30	+20 -10	+15	+10 -5	+10 -5	+10 -5	用尺检查

续表3-62

项次	项目		允许偏差（mm）						检验方法
			毛石砌体		料石砌体				
			基础	墙	毛料石		粗料石		半细料石	细料石	
					基础	墙	基础	墙	墙、柱	墙、柱	
4	墙面垂直度	每层	20		20		10		7	5	用经纬仪或吊线和尺检查
		全高	30		30		25		20	15	
5	表面平整度	清水墙、柱	20		20		10		7	5	细料石：用2 m 直尺和楔形塞尺检查 其他：用两直尺垂直于灰缝拉 2 m 线和尺检查
		混水墙、柱	20		20		15				
6	清水墙水平灰缝直度								10	7	5	拉 10 m 线和尺检查

4.22　料石各面的加工应符合表 3-63 的规定。

表3-63　料石各面的加工要求

项次	料石种类	外露面及相接周边的表面凹入深度（mm）	叠砌面和接砌面的表面凹入深度（mm）
1	细料石	不大于2	不大于10
2	半细料石	不大于10	不大于15
3	粗料石	不大于20	不大于20
4	毛料石	稍加修整	不大于25

注：①相接周边的表面系指叠砌面、接砌面与外露面相接处 20～30 mm 范围内的部分。
　　②如设计对外露面有特殊要求，应按设计要求加工。

4.23　料石加工的允许偏差应符合表 3-64 的规定。

表3-64　料石加工的允许偏差

项次	料石种类	允许偏差（mm）	
		宽度、厚度	长度
1	细料石、半细料石	±3	±5
2	粗料石	±5	±7
3	毛料石	±10	±15

注：如设计有特殊要求，应按设计要求加工。

第十七节　分部分项工程完工验收签证工作实施细则

1　总　　则

1.1　分部分项工程验收签证是合同项目工程验收的基础。在××水电站工程阶段验收包括二期截流验收、下闸蓄水发电前验收及各阶段安全鉴定与最终合同项目工程完工验收之前,均需要对有关分部分项工程进行验收签证。

1.2　分部分项工程完工验收签证由监理单位主持,水利水电勘测设计研究院(设计、地质)、施工承包单位以及公司工程验收办公室等管理部门有关专业技术人员组成分部分项工程验收工作小组。

1.3　按照已确定的《××水电站工程项目划分》,××水电站分部分项工程验收签证工作量较大,且需验收小组成员单位相关专业技术人员密切配合和支持,为此对验收签证的组织工作提出了较高的要求。为规范××水电站分部分项工程验收签证工作,特制定本实施细则。

1.4　编制本实施细则的主要依据是:

(1)《水电站基本建设工程验收规程》(DL/T 5123—2000);

(2)《水利水电建设工程验收规程》(SL 223—1999);

(3)《水电建设工程安全鉴定规定》(电力工业部电综〔1998〕219号)。

1.5　本实施细则适用于××水电站分部分项工程验收签证。其他合同项目工程亦可参考执行。

2　分部分项工程验收签证应具备的条件

2.1　参照《水利水电建设工程验收规程》(SL 223—1999)的要求,分部工程验收应具备的条件是该分部工程的所有分项工程已经完建且质量全部合格。

2.2　分项工程验收应具备的条件是该分项工程的所有单元工程已经全部完工,且质量全部合格。但在特殊情况下,或因阶段验收工作的需要,允许有少量尾工存在,可考虑先组织分部分项工程中间验收。

2.3　根据××水电站工程施工的具体情况,在混凝土分部分项工程验收签证工作中,坚持执行"三同时"原则,即同时抓好现场生产,同时抓好现场质量检查和缺陷处理工作,同时抓好竣工资料的整编和分部分项工程的完工验收签证工作。

3　分部分项工程验收签证的主要任务

根据有关验收规程的规定,分部分项工程验收签证的主要任务是"检查施工质量是否符合设计要求,评定工程质量等级和对质量事故处理的结果"。主要包括以下内容。

3.1　检查分部分项工程施工质量是否符合设计要求。

(1)建筑物的坐标、高程、轮廓尺寸、外观是否符合设计要求。

(2)施工实际完成工程量与设计工程量、变更工程量是否相符。

（3）建筑物运行环境是否与设计情况相符。

（4）各项施工记录是否与实际情况相符,质量检查签证资料是否真实。

（5）建筑物是否还有遗漏之处或缺陷和隐患需要处理,对施工中出现的质量缺陷或事故处理是否满足设计要求。

3.2 评定分部分项工程质量等级。

（1）分部分项工程质量评定工作中应考虑的因素:①分部分项工程中有50%及其以上的单元工程质量优良,该分部分项工程即评为优良。不足50%时,即评为合格。②施工承包单位和监理单位在施工过程中,对施工质量进行检测和抽检试验资料所反映的分部分项施工总体质量。③对隐蔽工程特殊分项工程如基础开挖、锚固、灌浆、金结和机电设备一期埋件工程等分项工程验收的质量评价。④现场检查及缺陷处理质量的评价。

（2）混凝土分部分项工程的现场质量检查及缺陷处理。××水电站工程现场质量检查及缺陷处理专门小组,根据施工承包单位和监理单位联合填报的《××水电站项目混凝土工程现场验收单元工程质量检查情况汇总表》《××水电站结构块混凝土衬砌排水管网畅通情况检查表》《××水电站结构混凝土分单元止水效果现场检查签证表》,以及混凝土表面缺陷检查、处理、验收签证资料,负责对混凝土工程质量进行全面的检查。如在现场质量检查中发现有可疑部位,经××水电站缺陷处理专门小组研究决定,可采取进一步的检查措施,如钻孔取芯、压水试验、孔内电视、无损检测等检查手段,以便对混凝土工程的施工质量作出符合实际情况的结论。

（3）对照设计技术要求以及现行的国家或行业技术标准,审查主要工程质量指标、试验检测成果、单元工程质量评定资料、现场质量检查及缺陷处理质量情况的结论,评定分部分项工程质量等级。

3.3 按照××水电站工程建设档案管理规定的要求,审查施工承包单位整编的竣工资料是否完整、准确、系统,对是否满足归档要求作出评价。

3.4 对验收签证存在的遗留问题及未完工程量进行清理,并提出处理意见。

3.5 分部分项工程验收签证的主要成果是《分部分项工程验收签证书》,验收签证书格式见附件1。验收签证书份数,正本5份,副本不限,可根据需要决定,原则上分部分项验收签证工作小组各成员单位各1份。

4 分部分项工程验收签证操作程序

根据××水电站工程的施工特点,分部分项工程验收签证工作,宜分为一般分部分项工程和混凝土分部分项工程两类进行组织。一般分部分项工程(如基础开挖、锚固支护、灌浆施工、一期埋件等)验收签证工作操作程序见图3-7右边框图。混凝土分部分项工程验收签证工作,考虑到混凝土现场质量检查及缺陷处理工作安排,滞后于混凝土施工部位的竣工归档资料整编,为此,混凝土分部分项工程验收签证工作分三个步骤进行:

（1）混凝土施工部分(从开仓准备到混凝土拆模、表面缺陷检查阶段)的验收签证及竣工归档资料审查,提出混凝土施工部分的质量评定意见。

（2）混凝土现场质量检查及缺陷处理专项验收签证,提出混凝土缺陷处理质量评定意见。

（3）综合分部分项混凝土施工部分及缺陷处理专项验收签证意见，作出对该分部工程最终的混凝土工程质量等级评定。

操作程序见图3-7。

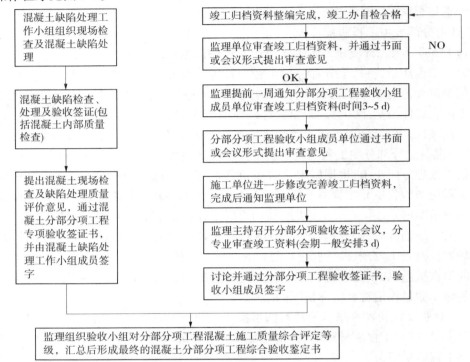

图 3-7　混凝土分部分项工程验收签证工作操作程序

4.1　施工承包单位竣工归档资料整编

（1）按照发布的档案管理规定以及监理编制的《××水电站竣工资料归档范围和实施细则》的要求，整编好分部分项工程归档竣工资料。

（2）施工承包单位必须对竣工归档资料进行认真的校核，技术负责人进行严格的审查，以确保竣工资料的完整、准确、系统。

（3）竣工办自检合格，达到归档要求后，送监理单位审查。

4.2　监理单位审查

（1）在施工承包单位竣工资料整编过程中，监理单位应进行督促检查，严格要求，并及时解决竣工资料整编过程中发生的有关具体技术问题。

（2）严格审查、核对施工承包单位报送的竣工归档资料，审查的重点是：①施工报告的内容是否全面，重点是否突出，质量指标及施工过程中发生的质量问题是否得到反映，质量评价是否恰当，遗留问题是否作出安排等；②竣工图是否为工程实际的反映，制图质量是否符合标准；③质量检查签证资料是否齐全、真实、规范；④申报的工程量是否准确；⑤竣工资料整编是否符合归档要求。

（3）监理通过书面或召开会议的方式，向施工承包单位竣工办提出对竣工资料的审查意见。

（4）监理编写并提出分部分项工程监理报告及相关附件。

4.3　验收小组成员单位预先审查竣工归档资料

（1）按照要求，为提高分部分项工程验收签证的工作质量，在召开验收会议前监理应提前一周通知验收小组成员单位到各施工承包单位竣工办现地审查竣工归档资料。审查竣工资料的时间根据需要决定，一般安排 3~5 d。

（2）监理组织一次验收小组成员单位与被验施工承包单位竣工办参加的审查意见交流会，或通过书面形式提交审查意见。

4.4　召开分部分项工程验收签证会议

（1）监理得到被验施工承包单位竣工办已按验收小组成员单位提出的审查意见，并对竣工资料进行补充完善后，即可通知召开分部分项工程验收签证会议。

（2）对一般分部分项工程验收签证会议按以下程序进行组织：①分部分项工程验收工作小组组长宣布会议的任务、日程安排及注意事项。②施工承包单位作施工报告及竣工资料整编说明。③监理单位作监理报告。④分专业分项分块进一步审查竣工归档资料。⑤分专业分项分块组织讨论并提出审查意见，讨论时施工单位首先就某一分项分块做施工过程、质量状况、验收资料的重点说明，并由监理补充，而后各单位明确代表综合发言，逐项通过验收意见。监理明确专人进行记录、综合，并及时会签。⑥形成审查意见，讨论并通过分部分项工程验收签证书，各验收工作小组成员及相关专业技术人员签名，会议结束。

（3）混凝土分部分项工程验收签证会议按下列程序进行组织：①内容同 4.4（2）① ~ ④。②验收小组成员及相关专业人员，以混凝土结构块为单位，逐块进行审查，包括质量检查签证资料，混凝土浇筑过程资料，混凝土温控资料、试验检测资料等，并对混凝土浇筑施工部分的质量逐块作出评价。③形成审查意见，讨论并通过该分部工程混凝土浇筑施工部分的验收签证书（格式见附件1）。④混凝土缺陷处理工作小组组织现场质量检查，对混凝土表面缺陷及内部混凝土质量进行检查、处理、验收签证，并提出混凝土现场质量检查及缺陷处理专项验收签证书（格式见附件2），评价混凝土缺陷处理质量和施工质量，由混凝土缺陷处理工作小组成员签字。⑤监理组织混凝土分部分项验收工作小组召开会议，综合混凝土浇筑施工部分的验收签证意见和现场质量检查及缺陷处理专项验收签证意见，提出混凝土分部分项工程最终施工质量评价，评定质量等级，形成混凝土分部分项工程综合验收签证书（格式见附件3）。

5　分部工程的验收签证工作

5.1　按照《××水电站工程项目划分》，该分部工程所属的分项工程均完成验收签证工作后，再提出该分部工程的验收意见，评定工程质量等级。

5.2　分部工程一般包括的分项工程有：

（1）基础开挖工程；

（2）锚固工程；

（3）混凝土工程；

(4)灌浆工程(固结、接缝、帷幕、接触灌浆等);

(5)金属结构及机电设备一期埋件工程;

(6)其他分项工程。

6　合同项目工程完工验收

6.1　在完成各分部分项工程验收签证工作后,即可组织合同项目工程完工验收。

6.2　合同项目工程完工验收,按照验收规程的要求,由××水电站合同项目工程验收工作组组织验收签证。

附件1　《××水电站合同项目工程分部分项工程验收签证书》

附件2　《××水电站合同项目工程混凝土分部分项工程专项验收签证书》

附件3　《××水电站合同项目工程混凝土分部分项工程综合验收签证书》

附件 1

编号：

××水电站合同项目工程
分部分项工程验收签证书

单 位 工 程 名 称：

合同项目工程名称：

（合同编号：　　　　　　　　　　　　　　）

分部分项工程名称：

××水电站分部分项工程验收工作小组

年　　　月　　　日

××水电站合同项目工程分部分项工程验收签证书

施工承包单位		合同编号	
开工完工日期		分部分项工程名称	

工程施工简况：

质量事故及缺陷处理：

主要工程质量指标：

质量评定：

存在问题及处理意见：

验收结论：

××水电站合同项目工程分部分项工程验收签证书

参验单位：　　　　　　　　　参验代表：　　　　　　　　（公章）		
水电站工程建设监理部：	年　　月　　日	
水利水电勘测设计研究院：		
	年　　月　　日	
施工承包单位：		
	年　　月　　日	
水电开发有限公司：		
	年　　月　　日	
附件：		

附件 2

编号：

××水电站合同项目工程
混凝土分部分项工程专项验收签证书

单 位 工 程 名 称：

合同项目工程名称：

（合同编号：　　　　　　　　　　）

分部分项工程名称：

××水电站混凝土分部分项工程专项验收工作小组
　　　年　　月　　日

××水电站合同项目工程混凝土分部分项工程专项验收签证书

施工承包单位		合同编号	
开工完工日期		分部分项工程名称	

现场质量检查及缺陷处理简况:

填写要求:

1. 验收签证范围和项目;

2. 缺陷类型、分布部位及数量:

　　(1)表面缺陷

　　(2)温度裂缝

　　(3)结构缝渗水

　　(4)层间缝渗水

　　(5)混凝土点面渗(地下)

　　(6)内部混凝土质量缺陷

　　(7)其他缺陷

3. 缺陷处理依据;

4. 缺陷处理方法,包括材料、工艺;

5. 缺陷处理检查验收签证;

6. 混凝土内部质量检查情况:

　　(1)钻孔取芯

　　(2)压水检查

　　(3)无损检测

　　(4)其他检测

质量事故及缺陷处理的质量评价:

填写要求:根据缺陷处理现场检测资料,评价本分部工程范围的混凝土缺陷处理自身质量是否满足设计要求。

评价意见可按下列格式填写:根据本分部工程混凝土质量缺陷处理的检测成果及过程控制签证资料,本分部工程混凝土缺陷处理质量满足设计及相关规范和规定要求,无工程质量隐患。

对本分部工程混凝土施工质量的评定意见:

填写要求:根据本部位的质量缺陷状况,作出对混凝土工程施工质量等级评定。评定意见可分两种类型:

第一类:根据本部位产生的混凝土质量缺陷状况,属一般性混凝土质量缺陷,不影响对本分部工程混凝土施工质量等级的评定,同意分部分项工程验收工作小组的验收意见,混凝土工程施工质量等级评为优良。

第二类,根据本部位发生的混凝土施工质量问题,本分部工程的混凝土工程施工质量等级评为合格。

验收结论:

填写要求:①对本分部工程混凝土缺陷处理质量是否符合设计及规范要求作出评价;②对本分部工程的混凝土工程施工质量等级评定,是否同意分部分项工程验收工作小组提出的验收结论。

验收结论可按下列格式填写:

第一类:本分部工程混凝土缺陷处理质量满足设计及规范要求,同意分部分项工程验收工作小组对混凝土工程施工质量的评定意见,质量等级评为优良。

第二类:本分部工程混凝土缺陷处理质量满足设计及规范要求,根据本分部工程发生的混凝土施工质量问题,混凝土工程施工质量等级评为合格。

附件:

　　相应的分项或分段的混凝土缺陷处理验收签证资料

××水电站合同项目工程分部分项工程专项验收签证书

参验单位：	参验代表：	公章

水电站工程建设监理部：   年   月   日

水利水电勘测设计研究院：

　　　　　　　　　　　　　　　　　　　　　　　　　　　　　　　　　年   月   日

施工承包单位：

　　　　　　　　　　　　　　　　　　　　　　　　　　　　　　　　　年   月   日

水电开发有限公司：

　　　　　　　　　　　　　　　　　　　　　　　　　　　　　　　　　年   月   日

附件：

附件3

编号：

××水电站合同项目工程
混凝土分部分项工程综合验收签证书

单 位 工 程 名 称：

合 同 项 目 工 程 名 称：

（合同编号：　　　　　　　　　　　　　）

分部分项工程名称：

××水电站混凝土分部分项工程验收工作小组

年　　　月　　　日

××水电站合同项目工程混凝土分部分项工程综合验收签证书

施工承包单位		合同编号	
开工完工日期		分部分项工程名称	

混凝土施工质量验收签证意见:

现场质量检查对混凝土施工质量评定意见:

对本分部分项工程混凝土质量评定的综合意见:

分部分项工程验收小组 正副组长签字、盖章	监理部	水电开发有限公司	设计院	施工单位
验收签证日期				

第十八节　工程验收监理实施细则

1　总　　则

1.1　本细则适用于××水电站工程施工承包合同及其他补充合同工程项目的验收监理工作。

1.2　本细则依据工程建设监理合同、工程施工承包合同,国家和相关部门现行的规程、规范等有关要求及规定编制。

2　工程验收(含检查签证)的划分、组织

2.1　监理工程项目工程验收:

(1)单元工程:含隐蔽工程、关键部位、重要工序的检查及开工、开仓签证。

(2)分部与分项工程检查签证。

(3)阶段(中间)验收。

(4)单位工程验收。

(5)合同项目竣工验收。

2.2　工程验收工作的组织:

(1)一般单元工程的检查和开工、开仓签证,由承包人专职质管部门进行。

(2)隐蔽工程、关键部位和重要工序的检查签证,由监理部负责进行,必要时邀请业主和设计单位参加。

(3)分部分项工程检查签证和单位工程验收,由监理部主持并组织联合验收组进行,业主和设计单位参加验收组工作。

(4)阶段(中间)验收、重要单位工程验收、合同项目的竣工验收,由业主主持并组织验收委员会进行。验收委员会由业主、监理、设计及承包人组成,监理部协助业主进行工程验收的组织工作。

3　工程验收工作的主要依据

工程验收工作的主要依据包括:

(1)工程承包合同文件。

(2)经监理部审签的设计文件,包括施工图纸、设计说明书、技术要求和设计变更文件等。

(3)国家及部颁的设计、施工和验收规程、规范,工程质量和等级评定标准,以及工程管理的法律、法规的有关条款。

(4)业主制定的有关工程验收的规定。

4　工程验收的程序

4.1　承包人按合同文件和本细则中限定的时限向监理部申请工程验收,凡未按规定时限

申请工程验收造成的工程验收延误,以及由此发生的合同责任和经济损失均由承包人承担。监理部应检查、督促承包人做好验收准备工作,及时申请工程验收。

4.2 承包人申请工程验收时,应提交相应的工程施工资料,其中包括施工质量检查记录、材料和设备检查试验资料、验收签证资料、质量等级评定资料等,重要单位工程和合同项目的竣工验收还应提交竣工总结报告。工程资料是竣工验收及其质量等级评定的依据,完工后应通过监理部移交业主。

4.3 各种质量检查合格证、质量评定表、验收签证书的内容和格式,统一按业主的规定执行。

4.4 工程验收中所发现的问题,由验收组或验收委员会协商确定,主持验收单位有最终仲裁权,同时对仲裁决定负有相应的责任。

4.5 未经验收或验收不合格的工程,既不能进行下一工序施工,也不预支付签证,对已签证部位,除有特殊要求抽样复验外,一般不再复验。

4.6 建筑物竣工或已按合同完成,但未通过竣工验收正式移交业主以前,应由承包人负责管理维护和保养,直至竣工验收和合同规定的所有责任期。

5 单元工程检查及开工签证

5.1 单元工程检查签证的主要任务是检查单元工程或工序的质量是否符合设计要求,并对工程质量进行评定,以确定后续工序能否开工。监理部对单元工程检查签证的工作基础是承包人提交的终检合格证明。对单元工程检查的主要成果是签发《单元工程请验报告》和《混凝土浇筑、衬砌开仓证》等及《单元工程(工序)质量评定表》。

5.2 隐蔽工程、关键部位、重要工序的检查签证和质量等级评定工作,在承包人提交检验合格证后,由监理部主持并邀请业主和设计单位联合进行,检查合格后签发《施工质量联合检验合格(开仓)证》及《单元工程(工序)质量评定表》。

5.3 单元工程检查验收的工作程序

(1)单元工程施工完毕并经承包人终检合格后,可向监理部提交验收申请并同时提交终检合格证及相关的材料、设备质量证明。

(2)监理部在接到验收申请后,对非联检项目应在 8 h 以内完成检查工作,对联检项目应在 24 h 以内完成联合检查工作,在确认工程施工质量、原材料、设备质量符合设计要求后,签发开工(开仓)签证,同时确认下一工序开工。若检查验收不合格,由此造成的工期延误及其他一切损失,均由承包人承担全部责任。

(3)单元工程验收检查签证文件均一式 4 份,在完成全部签证手续以后,报送监理部 1 份,其余 3 份承包人留存归档,作为基本资料和后续工程验收依据。

(4)凡地基、基槽、高边坡等需要进行地质编录和地质鉴定的单元工程,承包人施工完毕后,应向监理部提交验收申请,监理部通知设计及施工地质单位会同承包人进行地质编录和地质鉴定的会签工作,会签完毕后,随即进行本单元工程的联检验收。

(5)监理部在接到验收申请后在规定时限内未进行检查验收签证,也未以其他方式通知承包人,对验收申请无处理意见时,承包人可视为本单元终检成果已被认可,并签发下一工序开工签证报监理部确认。

若业主或监理部在工程开工后要求停工进行复检,承包人应予执行,复检后质量符合要求,则由此发生的费用由业主承担,如复检后质量不符合要求,则由此发生的一切损失由承包人承担。

6 分部分项工程检查签证

6.1 分部分项工程检查签证是合同项目竣工验收的基础,当分部分项工程施工完成后,由监理部主持,组织业主、设计、施工地质等单位组成联合验收组,进行检查签证。

6.2 分部分项工程检查签证的主要任务是检查施工是否符合设计要求,并按国家或部颁规定评定工程质量等级。检查的重点是工程质量,对达不到"合格"标准的部位,要坚决返工,返工后要补行验收。

6.3 承包人应在分部分项工程检查签证开始前 7 d 向监理部提交分部分项工程检查签证申请及符合要求的验收资料。监理部应在接到施工承包人验收申请后的 7 d 之内,完成验收准备工作。监理部主持和组织联合验收组应在 14 d 之内,完成分部分项工程验收签证工作。

6.4 监理部要求承包人提交进行分部分项工程检查签证的主要资料有:

(1)设计和竣工图纸。

(2)设计变更说明和施工要求。

(3)施工原始记录、原材料试验资料、半成品及预制件鉴定资料和出厂合格证。

(4)工程质量检查、试验、测量、观测等记录,单元工程验收及质量评定资料等。

(5)地质资料(地质部门提供的地质结论及地质素描图等)。

(6)特殊问题处理说明书和有关技术会议纪要。

(7)其他与验收签证有关的文件和资料。

6.5 联合验收组在验收工作中,除应审核研究承包人提交的各项签证文件及资料外,还应进行现场检查,其主要内容有:

(1)工程部位的位置、高程、轮廓尺寸、外观是否与设计相符。

(2)各项施工记录是否与实际情况相符。

(3)对施工中出现过的质量事故或缺陷进行处理的部位,处理后是否满足设计要求。

对于检查中发现工程质量有怀疑的部位,可进行必要的抽样试验或检查,以便对工程质量作出符合实际的结论。

6.6 分部分项工程检查签证文件正本一式 6 份,除交监理部和业主各 1 份外,其余 4 份暂存承包人。

6.7 分部分项工程验收的图纸、资料及验收签证书是竣工(交工)验收资料的组成部分,必须按国家或部颁验收规程和业主的有关竣工验收资料整理标准制备。

7 阶段(中间)验收

7.1 工程施工过程中,当大坝基础处理完成,引水隧道、厂房及开关站、房建工程的基础及主体结构完建,重要设备调试和设备启用,规模较大的分项工程完建,承包人将进行更换,以及工程项目停建、缓建等重大情况时,均应进行阶段(中间)验收。

7.2　进行阶段(中间)验收的前28 d,承包人应向监理部报送下述资料:

(1)单元、分项、分部(单位)工程验收签证。

(2)验收工程的施工报告。

(3)验收工程的竣工图纸和资料。

(4)已完、未完的工程项目清单。

(5)质量事故及重大缺陷处理和处理后的检查记录。

(6)建筑物运用及度汛方案。

(7)建筑物运行或运用前属于承包人应完成的工作说明,以及签证、协议等文件。

(8)业主和监理部要求报送的其他资料。

上述资料除一式4份报送监理部外,承包人还应准备一定数量资料供验收时备查。

7.3　监理部在接受承包人报送的验收报告后14 d内完成对报告的审核,并即时报告业主。

7.4　阶段(中间)验收委员会的工作开展,依据业主的安排进行,主要包括:

(1)听取承包人、监理部及其他有关单位工作汇报。

(2)审查验收文件、资料。

(3)检查或抽查已完重要分项、分部(单位)工程项目的工程形象面貌、工程质量和设备安装质量。

(4)审定建筑物的运行、应用方案。

(5)检查运行、应用的内、外部条件及落实情况。

(6)对验收中发现的问题和存在的工程缺陷,提出处理意见并责成承包人限期处理。

(7)根据检查和验收结果,签署阶段(中间)验收鉴定书。

(8)确定可以进行交接的工程项目清单,并限期办理交接手续。

7.5　阶段(中间)验收的成果是验收鉴定书。正本一式6份,除送交业主和监理部各1份外,其余4份暂存承包人,作为单位工程验收和竣工验收资料的一部分。副本若干份,由业主分送参加验收的有关单位和政府有关部门。

8　单位工程验收

8.1　当单位工程在整个工程竣工前已经完成,具备独立发挥效益,或业主要求提前启用时,应进行单位工程验收,并根据验收要求或继续由承包人维护,或办理提前启用和资产移交手续。

单位工程验收工作由业主主持和组织验收委员会进行验收。

8.2　申请单位工程验收必须具备的条件:

(1)土建工程已按设计施工完毕,质量符合要求。

(2)设备已安装调试、试运行,安全可靠,符合规定和设计要求。

(3)所需观测仪器设备已按设计要求埋设,并能正常观测。

(4)工程质量缺陷已处理完毕,能保证工程安全应用。

8.3　进行单位工程验收,至少在验收前21 d,承包人应向监理部提交单位工程验收申请报告,并随同报告提交或准备下列主要文件:

　　(1)竣工图纸(包括基础竣工地形图)及图纸说明。

　　(2)施工过程中有关设计变更的说明及施工要求。

　　(3)试验、质量检验及施工测量成果。

　　(4)隐蔽工程、基础灌浆工程及重要单元、分项工程的检查记录、照片以及必需的工程录像资料,对于基础工程还应包括所取岩芯及土样的照片及文字资料。

　　(5)分项、分部工程验收签证和质量等级评定表。

　　(6)基础处理及竣工地质报告资料。

　　(7)施工概况说明,包括开工日期、完工日期、设计工程量、实际完成工程量,以及施工过程中违规、停工、返工记录等。

　　(8)已完报验的工程项目清单。

　　(9)质量事故记录、分析资料及处理结果。

　　(10)施工大事记和施工原始记录。

　　(11)业主或监理部根据合同文件规定要求报送的其他资料。

　　上述资料除必须随同验收报告一式4份报送监理部外,承包人还应准备一定数量的资料,在验收工作中,供工程验收委员会备查。

8.4　监理部接受承包人报送的单位工程验收申请报告后,在14 d内完成对验收报告的审核,并即时报告业主,监理部协助业主完成单位工程验收和单位工程质量等级评定的确认签证。若已具备合同文件规定的交接条件,同时由业主办理单位工程交接手续。

8.5　单位工程验收的成果是单位工程验收鉴定书和单位工程质量等级评定表。单位工程通过验收后,由验收委员会(小组)签署单位工程验收鉴定表和单位工程质量等级评定表。正本一式6份,除送业主和监理部各1份外,其余4份暂存承包人,作为竣工验收资料的一部分。副本若干份,由业主分送参加验收的有关单位和政府有关部门。

9　竣工验收

9.1　当工程承包合同工程项目全部完建,并具备竣工验收条件时,承包人应及时向监理部申请竣工验收。

　　除非业主另有指示,否则竣(交)工验收应在工程完建(或完工)后3个月内进行。如在3个月内进行确有困难,由承包人申请,经业主批准可适当延长。

9.2　工程竣工验收应具备的条件:

　　(1)工程已按合同规定和经审查签发的设计文件的要求完建。

　　(2)分项、分部、单位及阶段(中间)验收合格,验收中发现的问题已基本处理完毕,并符合合同文件和设计的规定。

　　(3)各项独立运行或运用的工程已具备运行或运用条件,能正常运行或运用,并已通过设计条件的考验。

　　(4)竣工验收要求的报告、资料已经整理就绪,并经监理部预检通过。

9.3　进行工程竣工验收的前28 d,承包人应向监理部提交工程竣工报告,并随同报告提交或准备下列主要验收文件:

　　(1)工程竣工报告:包括工程概述,工程开、竣工日期,设计工程量、实际完成工程量及已完工程项目清单等。

　　（2）工程施工报告：包括施工过程中设计、施工与地质条件的重大变化情况及其处理方案。

　　（3）各阶段（中间）、单位工程验收鉴定与签证文件。

　　（4）竣工图纸（包括图纸目录及其说明）。

　　（5）竣工支付结算报告。

　　（6）必须移交的施工原始记录及其目录，包括检测记录，施工期间测量记录，以及其他与工程有关的重要会议纪要。

　　（7）工程承包合同履行报告，包括重要工程项目的分包单位选择及分包合同履行情况，工程承包合同履行情况，以及有关合同索赔等事项。

　　（8）工程施工大事记。

　　（9）业主指示或监理部依据工程承包合同文件规定要求承包人报送的其他资料。

　　上述资料必须随同验收申请报告送监理部外，其他文件由施工承包人整理就绪，供验收委员会查阅。

9.4　监理部应在接受承包人的申请验收报告后的 28 d 内完成审核，并及时上报业主，限时组织和进行工程竣工验收与交接手续。

9.5　竣工验收一般不再复验原始资料，竣工验收小组的工作主要包括：

　　（1）听取承包人、监理部、设计单位及有关单位的汇报。

　　（2）对施工是否符合工程承包合同文件和设计文件的要求作出全面评价。

　　（3）对合同工程质量等级作出评定。

　　（4）确定工程能否正式移交、投产、应用和运行。

　　（5）确定尾工清单、合同完工期限和缺陷责任期。

　　（6）讨论并通过竣工验收鉴定书。

9.6　工程竣工验收的成果是竣工验收鉴定书和合同工程质量等级评定书。通过竣工验收后，由验收委员会签署竣工验收鉴定书和合同工程质量等级评定书。正本一式 6 份，除送交监理部外，其余 5 份连同历次阶段、单位工程验收鉴定书和工程质量评定签证正本一并移交业主。

9.7　工程通过竣工验收后，承包人还应根据合同文件及国家、部门工程管理法规和验收规程的规定，及时整理其他各项必须报送的工程施工记录和施工原始资料，并按业主的指示或监理部的要求，一并向业主移交。

9.8　竣工图纸、资料的编制要求，可按《水电站基本建设工程验收规程》（SD 275—88）和《水利基本建设工程验收规程》（SD 184—86）的规定执行。

9.9　××水电站工程各阶段验收申报表、签证表、开仓证的格式，统一按照《××水电站监理规划》提供给承包人用表施行（见表 3-65 ~ 表 3-75）。

10　附　表

　　（1）水工建筑物岩石基础验收申报表（见表 3-65）；

　　（2）岩石地基开挖工程施工质量自检合格证（见表 3-66）；

（3）岩石地基开挖联合检验签证表（见表3-67）；

（4）主体工程基础验收证书（见表3-68）；

（5）工程项目验收申请表（见表3-69）；

（6）施工质量联合检验合格（开仓）证（见表3-70）；

（7）分部、分项工程验收签证书（见表3-71）；

（8）阶段（中间）验收鉴定书（格式）（表3-72）；

（9）单位工程验收鉴定书（格式）（见表3-73）；

（10）验收备查资料、文件（见表3-74）；

（11）竣工（交工）验收鉴定书（格式）（见表3-75）。

表3-65 水工建筑物岩石基础验收申报表

承包人： 合同编号： 编号：

监理部：		
本申报岩石基础开挖已经按施工图纸要求,于 年 月 日基本完工,暴露的地质缺陷也按设计要求处理完毕,基础面已清理完成,并通过自检和联检合格,建基面地形测绘和地质编录也已完成。特申报进行验收。		

申报单位： 项目经理：

申报日期： 年 月 日

申报验收记录	验收单元工程名称或编码	地形测绘和地质编录完成记录	备注

随同报送文件目录	序号	文件名称
	1	建基面地形测绘图
	2	建基面地质编录（或其完成记录）
	3	施工报告
	4	地质报告（或其完成记录）
	5	

监理预验意见	
监理部： 签署人： 签署日期： 年 月 日	

说明：一式4份报监理部，完成预验后返回施工承包人2份备存。

表 3-66　岩石地基开挖工程施工质量自检合格证

承包人：　　　　　　　　合同编号：　　　　　　　　编号：

单位工程名称或编码				分部工程名称或编码			
分项工程名称或编码				单元工程名称或编码			
保护层开挖方法				设计建基面高程			

		项目	质量标准	质量情况
主要检查项目	1	保护层开挖	浅孔、密孔、少药量、火炮爆破	
	2	建基面	无松动岩块、无爆破影响裂缝	
	3	断层及裂隙密集带	按规定部位挖槽，其深度为宽度的1~1.5倍，规模大时按设计要求处理	
	4	多组裂隙切割的不稳定岩体	按设计要求处理	
其他检查项目	1	孔、洞（井）或洞穴	按设计要求处理	
	2	软弱夹层	厚度大于5cm者，挖至新鲜岩石或设计规定的深度	
	3	夹泥裂隙（断层）	挖至1~1.5倍断层宽度，并清除夹泥或按设计规定处理	

			允许偏差（cm）		实测测点数		合格率（%）
		项目	欠挖	超挖	总点数	合格点数	
检查项目	基坑（槽）无（有）结构要求或无（有）配筋预埋件等	1 坑（槽）长或宽(m)					
		2 坑（槽）底部标高					
		3 垂直或斜面平整度					

承建单位自检评定等级	
自检部门：　　　　　负责人：　　　　　年　月　日	

说明：一式6份，完成签证后返回承包人3份作相应分项、分部、单位工程验收资料备查。

表 3-67 岩石地基开挖联合检验签证表

承包人： 合同编号： 编号：

单位工程名称或编码			分部工程名称或编码		
分项工程名称或编码			验收单元工程		
申请开工单元工程			施工时段		
施工依据					
施工缺陷鉴定		监理部： 监理工程师： 年 月 日			
地质缺陷鉴定		监理部： 地质监理工程师： 年 月 日			
联合检验意见					
承建单位保留意见		填写人： 年 月 日			
联检单位	承包人	设计单位		监理部	业主单位
参检人签名					
日期					
备注					

说明：一式 4 份报送监理部，签证后返回承包人 2 份，供基础验收以及单元工程质量等级评定时备查。

表 3-68　主体工程基础验收证书

承包人：　　　　　　　　　　合同编号：　　　　　　　　　　编号：

单位工程名称或编码		分部工程名称或编码	
分项工程名称或编码		单元工程名称或编码	
施工时段		设计建基面高程	
验收意见			
建基面简图		备查文件目录	1. 施工质量自检合格证 2. 联合检验签证表 3. 建基面地形测绘图 4. 建基面地质编录 5. 施工报告 6. 地质报告

验收小组签名	承包人	设计单位	监理部	业主单位
日期				

说明：一式 9 份报送监理部，完成验收后返回承包人 2 份，作相应分项、分部、单位工程验收资料备查。

表 3-69　工程项目验收申请表

承包人：　　　　　　　　　　合同编号：　　　　　　　　　编号：

致监理部：
本申报工程项目已经按承建合同要求,于　　　　年　月　日基本完工,零星未完工程及缺陷修补保证按预定计划或在工程验收前完成,验收文件也已准备或基本准备就绪,特申报对本表所列工程项目进行验收。
申报单位：　　　　　　　　　　　　　　　　项目经理： 　　　　　　　　　　　　　　　　　　　　申报日期：　　　年　月　日

<table>
<tr><td rowspan="3">申报验收记录</td><td>验收阶段</td><td>验收工程项目或编码</td><td>申报验收日期</td><td>备注</td></tr>
<tr><td>□阶段(中间)验收</td><td></td><td></td><td></td></tr>
<tr><td>□单位工程验收

□工程完工验收</td><td></td><td></td><td></td></tr>
</table>

<table>
<tr><td rowspan="7">随同报送的主要文件目录</td><td>序号</td><td>文件名称</td><td>序号</td><td>文件名称</td></tr>
<tr><td>1</td><td></td><td>7</td><td></td></tr>
<tr><td>2</td><td></td><td>8</td><td></td></tr>
<tr><td>3</td><td></td><td>9</td><td></td></tr>
<tr><td>4</td><td></td><td>10</td><td></td></tr>
<tr><td>5</td><td></td><td>11</td><td></td></tr>
<tr><td>6</td><td></td><td>12</td><td></td></tr>
</table>

监理部审核意见	□不具备验收条件,满足条件后再报。 □补充报送文件,内容专文通知。 □已通过审核,并即时报告业主单位组织验收,具体事项专文通知。 监理部：　　　　　　　　　　　　　　　审核人： 　　　　　　　　　　　　　　　　　　　审核日期：　　　年　月　日

说明:本表一式 4 份报送监理部,完成审核后转报业主单位和返回申报单位各 1 份。

表3-70 施工质量联合检验合格(开仓)证
(隐蔽工程、关键部位、重要工序)

承建单位:　　　　　　　　合同编号:　　　　　　　　编号:

单位工程名称		分部工程名称			
单元工程或工序名称					
位置		施工单位			
施工单位自检意见		初检(签字)	复检(签字)		终检(签字)
联合检验意见					
承建单位保留意见					
联合检查验收组(签字)	承建单位	设计单位	监理部	业主单位(项目处)	

说明:一式6份,完成签证后,送监理部1份,其余5份返回承建单位。

表 3-71　分部、分项工程验收签证书

单位工程名称		分项工程名称	
分部工程名称		施工时段	
单元工程名称			

工程施工简况：

验收结语：

遗留问题：

验收小组签字：

名　称	姓名	单位	职务、职称	签字人
组　长				
副组长				
成　员				
成　员				
成　员				

说明：一式 3 份，验收后送承包人 2 份备查。

表 3-72　阶段(中间)验收鉴定书(格式)

（一）工程简介：

1. 工程名称、位置；

2. 阶段工程的面貌及主要技术经济指标；

3. 设计情况；

4. 施工经过；

5. 与在建和待建工程部分的关系。

（二）阶段(中间)验收项目及内容。

（三）工程质量鉴定(包括分部分项工程的等级评定)。

（四）工程度汛标准及超标准的措施。

（五）存在问题及处理意见。

（六）对工程管理运用的意见。

（七）结论(对验收和运用作出明确结语)。

（八）附件。

（九）验收委员会(小组)成员签字(注明单位和职务)。

表 3-73　单位工程验收鉴定书(格式)

（一）工程概况：

1. 工程名称、位置；

2. 工程任务；

3. 工程布置和主要技术经济指标；

4. 设计情况；

5. 施工情况；

6. 完成工程面貌及主要工程量。

（二）历次中间验收及工程交接情况。

（三）工程质量评价。

（四）工期及结算分析。

（五）工程初期运用及效益。

（六）存在的主要问题及处理意见。

（七）结论(对整个工程验收和投用的结语)。

（八）附件。

（九）验收委员会成员签字(注明单位及职务)。

表3-74　验收备查资料、文件

一、原始资料

（一）主要原材料出厂合格证和质量检查、试验资料。

（二）主要设备出厂合格证和技术说明书。

（三）重要地质勘察资料（包括岩基和钻孔录像等）。

（四）土建工程质量检验原始记录。

（五）基础灌浆处理资料。

（六）金属结构、机电设备安装质量测定、试验原始记录。

（七）重大质量事故和工程缺陷处理资料。

（八）工程观测原始记录。

二、重要文件

（一）上级批文和有关指示。

（二）主体工程承发包合同文本。

（三）竣工图纸和修改设计通知。

（四）单位工程或扩大单位工程分部分项签证资料。

（五）单位工程或扩大单位工程质量等级评定资料。

（六）各种观测控制标点的位置图和明细表。

（七）设备、备品、专用工具、专用器材清单。

（八）工程建设大事记和主要会议记录。

（九）重大财务和竣工决算资料。

（十）重要咨询报告。

（十一）水库航运、过坝、迁建赔偿、征用土地等协议或批准文件。

（十二）工程管理范围地界图表。

（十三）经上级批准的工程运用规划。

说明：上述原始资料和重要文件，在验收时供验收委员会（组）查阅；竣工验收后，应作为竣工资料一部分，不少于4
　　份，2份移交生产或试运行管理单位，1份交监理部，1份交××公司存档。

表 3-75　竣工(交工)验收鉴定书(格式)

××工程(合同编号:　　　　)竣工验收鉴定书

一、工程概况

(一)工程名称、位置。

(二)工程任务。

(三)工程总布置和主要技术经济指标。

(四)设计情况(主要设计单位、主要设计变更原因)。

(五)施工过程。

(六)工程完成情况和主要工程量及投资。

(七)移民迁建情况(如没有,可不写)。

二、竣工决算及分析

三、各阶段验收、单位工程验收时遗留问题的处理情况

四、工程初期运用及效益情况

五、工程质量总评价

六、存在的主要问题及处理意见

七、结论(对整个工程投入运用提出明确结语)

八、验收委员会成员签字(注明单位和职务)

九、工程交接单位代表签字

十、附件

　　　　　　　　　　　　　　　　　　　　　　　　　年　　月　　日

参 考 文 献

[1] 中国建设监理协会. 建设工程监理进度控制[M]. 北京:知识产权出版社,2003.

[2] 中国建设监理协会. 建设工程监理投资控制[M]. 北京:知识产权出版社,2003.

[3] 中国建设监理协会. 建设工程监理质量控制[M]. 北京:知识产权出版社,2003.

[4] 中国建设监理协会. 建设工程监理概论[M]. 北京:知识产权出版社,2003.

[5] 中国水利工程协会. 水利工程建设监理培训教材[M]. 北京:中国水利水电出版社,2010.

[6] 李新军. 水利水电建设监理工程师手册[M]. 北京:中国水利水电出版社,1998.

[7] 徐猛勇. 建设工程质量与安全控制[M]. 北京:中国水利水电出版社,2011.

[8] 徐猛勇. 水利工程监理[M]. 武汉:华中科技大学出版社,2013.